陆—气相互作用对东亚气候的影响

张井勇　吴凌云　著

气象出版社
China Meteorological Press

内容简介

本书从简要回顾陆—气相互作用对气候影响的研究进展开始,系统介绍了陆—气相互作用对东亚气候影响的最新研究成果。全书共分为五个部分:陆—气相互作用对气候影响的研究进展;土壤湿度—大气相互作用对东亚气候的影响;土壤温度—大气相互作用对东亚气候的影响;植被—大气相互作用对东亚气候的影响;绿洲效应对局地气候的影响。

本书可供大气科学类专业和相关专业的科研人员、高校教师和研究生参考。

图书在版编目(CIP)数据

陆—气相互作用对东亚气候的影响/张井勇,吴凌云著.
—北京:气象出版社,2014.4
　ISBN 978-7-5029-5910-4

　Ⅰ.①陆⋯　Ⅱ.①张⋯ ②吴⋯　Ⅲ.①陆地—大气—相互作用—气候影响—东亚　Ⅳ.①P468.31

中国版本图书馆 CIP 数据核字(2014)第 060044 号

Lu—Qi Xianghuzuoyong dui Dongya Qihou de Yingxiang

陆—气相互作用对东亚气候的影响

张井勇　吴凌云　著

出版发行:气象出版社
地　　址:北京市海淀区中关村南大街 46 号　　　　邮政编码:100081
总 编 室:010-68407112　　　　　　　　　　　发 行 部:010-68409198
网　　址:http://www.cmp.cma.gov.cn　　　　E-mail:qxcbs@cma.gov.cn
责任编辑:李太宇　　　　　　　　　　　　　　终　　审:黄润恒
封面设计:博雅思企划　　　　　　　　　　　　责任技编:吴庭芳
印　　刷:中国电影出版社印刷厂
开　　本:700 mm×1000 mm　1/16　　　　　　印　　张:9
字　　数:200 千字
版　　次:2014 年 4 月第一版　　　　　　　　　印　　次:2014 年 4 月第一次印刷
定　　价:40.00 元

前　言

　　极端天气气候事件,例如干旱、洪涝和高温热浪,严重威胁着经济社会的可持续发展、人民群众的生产生活和生态环境。最近 30 年,全球 86% 的重大自然灾害、59% 的因灾死亡和 84% 的经济损失都是由气象灾害及其衍生灾害导致的。世界气象组织(WMO)2013 年发布的"全球气候 2001—2010 年——气候极端事件十年"报告显示,与 1991—2000 年相比,2001—2010 年因极端天气气候事件致死人数增加了 20%,其中因高温热浪的致死人数增加了 23 倍。我国是世界上受自然灾害最严重的国家之一,气象灾害约占自然灾害的 71%。1991 年至 2009 年,我国平均每年因气象灾害造成约 4000 人死亡,近 4 亿人次受灾,经济损失 2000 多亿元。全球气候变暖背景下,极端气候事件呈多发重发的趋势。联合国政府间气候变化专门委员会(IPCC)最近发布的针对极端事件和灾害风险的特别评估报告(IPCC, 2012: http://ipcc-wg2.gov/SREX/)预估,无论对东亚还是全球,高温热浪、干旱、极端强降水事件等都将更频繁地发生,且持续时间和强度也将明显增加。

　　由于我国气象灾害造成的经济损失和社会影响越来越大,社会对灾害的敏感度越来越高,加之包括我国在内的世界各国季节气候预测的水平都很有限,远不能满足社会、经济和国家安全的需要,因此,提高对影响短期气候异常的关键物理过程和气候可预测性的认识,进而改进季节气候预测水平,已成为国家决策部门和公众密切关注和亟待解决的重大科学问题。

　　陆地和大气在各种时空尺度发生着复杂的相互作用,调节着界面上的能量、物质和动量交换,从而对气候产生重要影响。陆—气相互作用研究是当今地学各学科共同关注的前沿领域,也是未来地球系统科学研究的重要突破口。世界气候研究计划(WCRP)、国际地圈生物圈计划(IGBP)、地球系统科学联盟(ESSP)联合计划等重大国际计划都将陆—气相互作用方面的研究列为当前和未来需要推动的重大科学问题。陆面具有在季节及以上时间尺度上"记忆"气候异常的能力,因而对提高短期气候异常预测具有重要作用。但是,与海—气相互作用相比较,目前我们对陆—气相互作用的认识仍非常不足,严重阻碍了短期气候预测水平的提高。

　　本书主要总结了著者及其同事最近几年来在陆—气相互作用对东亚气候影响方面的最新研究成果,尤其是土壤湿度、土壤温度和植被变化对东亚短期气候异常影响的工作。全书共分为5章:第1章概述了陆—气相互作用对气候影响的研究进展;第2章叙述了土壤湿度—大气相互作用对东亚气候的影响;第3章介绍了土壤温度—大气相互作用对东亚气候的影响;第4章叙述了植被—大气相互作用对东亚气候的影响;第5章则介绍了绿洲效应对局地气候的影响。本书分工如下:张井勇撰写了第1~4章和附录,吴凌云撰写了第5章,全书由张井勇统稿。课题组成员王远皓、张武龙和陈思思参与了部分章节的前期材料整理工作,在此表示感谢。感谢气象出版社的李太宇编辑为本书的出版所做的大量工作。

　　感谢国家自然科学基金委项目(项目号:41275089;41305071)、科技部国家重大科学研究计划项目(项目号:2012CB955604)、大气科学和地球流体力学数值模拟国家重点实验室(LASG)专项经费和中国科学院"百人计划"项目对本书研究内容及出版的资助。

　　著者衷心期望本书的出版能够为陆—气相互作用与短期气候预测研究起到一些推动和借鉴作用。由于时间仓促并限于我们的水平,错漏之处在所难免,敬请有关专家和学者批评指正。

张井勇　吴凌云

2014 年 3 月于中国科学院大气物理研究所

目　　录

第 1 章　陆一气相互作用对气候影响的研究进展

1.1　引言

　　复杂多样、分布极不均匀的陆地下垫面约占整个地球表面积的30%。一方面,陆地表面状况包括土壤湿度、土壤温度、植被、积雪等,随天气和气候的变化而变化。另一方面,自然和人为的陆面状况改变通过影响界面的能量、物质和动量交换进而对局地、区域和全球的天气和气候产生重要影响(Bonan,2008;Seneviratne *et al.*,2010;Pielke *et al.*,2011)。陆一气相互作用研究已成为当今地学各学科共同关注的前沿和热点课题,也是未来地球系统科学研究的重要突破口(叶笃正和符淙斌,1994;曾庆存和林朝晖,2010;黄荣辉等,2011)。世界气候研究计划(WCRP)、国际地圈生物圈计划(IGBP)、地球系统科学联盟(ESSP)联合计划等重大国际计划都将陆一气相互作用方面的研究列为当前和未来需要推动的重大科学问题。本章简要回顾了陆一气相互作用对气候影响的研究进展。陆一气相互作用的基本过程和陆面过程模式的发展进程可参见附录部分。

1.2　陆面对气候反馈作用的研究进展

　　耦合了陆面模式的全球模式一直以来是研究陆一气相互作用以及土地利用/覆盖变化对气候变化影响的重要工具。Charney(1975)最早利用全球模式模拟研究了陆面过程对气候的影响,开创性地提出了生物—地球物理反馈机制。随后,国内外很多学者采用全球模式敏感性试验针对陆面过程对气候的影响和相关的物理机制做了大量卓有成效的研究,取得很多重要进展(Shukla and Mintz, 1982; Yeh et al., 1983, 1984; Dickinson and Henderson-Sellers, 1988; 王万秋,1991; Bonan et al., 1992; 刘永强等,1992; Xue et al., 1996; 吴凌云和余志豪,2001; Koster et al., 2004; Feddema et al., 2005; Mahanama et al., 2008; Wei et al., 2010; Dutra et al., 2011)。这些研究普遍表明,陆面状况的改变能够在季节及以上时间尺度上对气候产生重要影响。但是,由于全球模式分辨率低、物理过程参数化方案简单等原因,全球模式模拟陆面反馈的工作在局地和区域尺度上存在很大的不确定性(Dirmeyer et al., 2006; Zhang et al., 2008; Pitman et al., 2009)。

由于区域气候模式比全球模式有更高精度的空间分辨率,因而能够更好地刻画区域气候变化的细节特征,模拟结果能够更加接近于实测(Dickinson et al., 1989; Giorgi, 1990)。自从1990年代以来,区域气候模式已被广泛用来研究陆面反馈对局地和区域气候的反馈作用(Paegle et al., 1996; Giorgi et al., 1996; Schär et al., 1999; Lu et al., 2001; Fu, 2003; Gao et al., 2003; Pielke, 2005; Seneviratne et al., 2006; Zhang et al., 2009a, 2011a; Georgescu et al., 2011, 2013; Ge et al., 2014)。在东亚地区,区域气候模式模拟结果表明,陆面状况的改变能够对能量平衡、水循环、表面气候乃至季风环流产生至关重要的影响(符淙斌等,1996; 吕世华和陈玉春,1999; 郑益群等,2002; Zhang and Wang, 2008; Chow et al., 2008; 张井勇和吴凌云,2011; 张文君等,2012; 邹靖和谢正辉,2012; 李崇银等,2013; Wu and Zhang, 2014)。例如,Zhang 等(2011b)应用美国大气研究中心(NCAR)开发的新一代WRF区域模式的长期积分研究了土壤湿度对东亚和我国的气候变率的影响,结果表明,在土壤湿度—大气耦合的"热点"地区,土壤湿度对气候变率的贡献可以达到一半或更多。

动力学分析方法是研究陆—气相互作用的重要手段(曾庆存等,1994; Pan and Chao, 2001; D'Odorico and Porporato, 2004; 巢纪平

和井宇,2012)。它具有可靠的数学物理基础,并可在特定条件下理论上得出重要的定性甚至定量的结论。Charney(1975)1970年代利用动力学分析研究了反照率对萨赫勒荒漠化的影响。曾庆存等(1994)建立了一个由草生物量和土壤湿度两个变量组成的草原生态动力学模型,研究了草生物量对降水的依赖关系。曾晓东等(2004)进一步对曾庆存等(1994)建立的两变量模型进行参数扩展,包含了青草生物量、枯落物生物量和土壤湿度三个变量,并结合内蒙古草原的观测事实,进一步改进了模型。曾晓东等(2004)的研究结果表明,产草量与年降水量有对应关系,放牧过度会导致荒漠化。Pan和Chao(2001)在能量平衡条件下建立了一个简化的绿洲动力学演化模型,指出绿洲沙漠系统的蒸发率存在多平衡态。Wu等(2003)进一步加入了低层大气的动力过程,结果表明,绿洲不仅能起到调节温度的作用,而且可以帮助自身的维持和发展。D'Odorico和Porporato(2004)利用简化的理论模型研究了夏季土壤湿度动力学过程,结果表明,陆面反馈有利于维持初始土壤湿度对夏季降水的正反馈。

由于陆面观测资料的相对缺乏和陆—气相互作用的复杂性,陆面反馈气候的观测统计研究比较困难。积雪被较早认识到与短期气候异常存在观测统计关系,并被作为季节气候预测的一个前期讯号(Hahn and Shukla,1976;郭其蕴和王继琴,1986;Groisman *et al.*,1994;陈海山等,2013)。早期的土壤湿度影响气候的观测统计研究主要局限于局地尺度上(Betts *et al.*,1996;Findell and Eltahir,1997)。最近的工作通过对观测和其他资料的综合分析,提供了区域到全球尺度的土壤湿度—大气耦合强度分布(Zhang *et al.*,2008,2009b;Dirmeyer *et al.*,2009)。研究还发现土壤温度/地气温差与气候异常存在统计关系,并可以帮助提高季节气候预测技巧(汤懋苍等,1986;Hu and Feng,2004;周连童和黄荣辉,2006;Wang *et al.*,2013)。

在2000年代早期,Zhang等(2003)和Kaufmann等(2003)分别从观测统计上研究了植被覆盖变化对中国和美国气候的影响,均发现植被反馈对区域气候产生重要影响。最近的10年间,许多研究者对不同区域和全球的植被变化对气候的影响做了更深入的观测统计研究(Liu *et al.*，2006；Notaro *et al.*，2006；Los *et al.*，2006；华维等，2008；吴凌云等，2011)。Zhang 等(2011b) 最近尝试应用植被信息到东亚夏季风的预测，回报试验显示与单独应用 ENSO 做预测相比，加入一个植被指数可以将预测技巧从 33% 提高到 58%。

参考文献

巢纪平，井宇. 2012. 一个简单的绿洲和荒漠共存时距平气候形成的动力理论. 中国科学：地球科学，**42**：424-433.

陈海山，齐铎，许蓓. 2013. 欧亚大陆中高纬积雪消融异常对东北夏季低温的影响. 大气科学，**37**(6)：1337-1347.

符淙斌，魏和林，郑维忠，等. 1996. 中尺度模式对中国大陆地表覆盖类型的敏感试验[C]// 全球变化与我国未来的生存环境. 北京：气象出版社，286.

郭其蕴，王继琴. 1986. 青藏高原的积雪及其对东亚季风的影响. 高原气象，**5**：116-123.

华维，范广洲，周定文，等. 2008. 青藏高原植被变化与地表热源及中国降水关系的初步分析. 中国科学，**38**：732-740.

黄荣辉，陈文，张强，等. 2011. 中国西北干旱区陆气相互作用及其对东亚气候变化的影响. 北京：气象出版社，356pp.

李崇银，刘会荣，宋洁. 2013. 2009/2010 年冬季云南干旱的进一步研究-前期土壤湿度影响的数值模拟. 气候与环境研究，**18**(5)：551-561.

刘永强，叶笃正，季劲钧. 1992. 土壤湿度和植被对气候的影响-II 短期气候异常持续性的数值试验. 中国科学 B 辑，**5**：554-560.

吕世华，陈玉春. 1999. 西北植被覆盖对我国区域气候变化影响的数值模拟. 高原气象，**18**：416-424.

汤懋苍，尹建华，蔡洁萍. 1986. 冬季地温分布与春、夏降水相关的统计分析. 高原气象，**5**(1)：40-52.

王万秋. 1991. 土壤温湿异常对短期气候影响的数值模拟试验. 大气科学，**15**：115-123.

吴凌云，余志豪. 2001. 青藏高原潜热感热，地形高度与我国冬，夏季温度的可能影响. 气象科学，**21**(3)：291-298.

吴凌云，张井勇，董文杰. 2011. 中国植被覆盖对日最高最低气温的影响. 科学通报，**56**(3)：274.

叶笃正，符淙斌. 1994. 全球变化的主要科学问题. 大气科学，**18**(4)：498-512.

曾庆存，林朝晖. 2010. 地球系统动力学模式和模拟研究的进展. 地球科学进展，**25**：1-6.

曾庆存，卢佩生，曾晓东. 1994. 最简化的两变量草原生态动力学模式. 中国科学 B 辑，**24**：106-112.

曾晓东，王爱慧，赵钢，等. 2004. 草原生态动力学模式及其检验. 中国科学 C 辑，**34**：

481-486.

张井勇，吴凌云. 2011. 陆-气耦合增加中国的高温热浪. 科学通报，**56**：1905-1909.

张文君，周天军，智海. 2012. 土壤湿度影响中国夏季气候的数值试验. 气象学报，**70**(1)：78-90.

郑益群，钱永甫，苗曼倩，等. 2002. 植被变化对中国区域气候的影响Ⅰ：初步模拟结果. 气象学报，**60**：1-15.

周连童，黄荣辉. 2006. 中国西北干旱、半干旱区春季地气温差的年代际变化特征及其对华北夏季降水年代际变化的影响. 气候与环境研究，**11**：1-13.

邹靖，谢正辉. 2012. RegCM4 中陆面过程参数化方案对东亚区域气候模拟的影响. 气象学报，**70**(6)：1312-1326.

Betts A K，Ball J H，Beljaars A C M. 1996. The land surface-atmosphere interaction：A review based on observational and global modeling perspectives. *Journal of Geophysical Research*，**101**：7209-7226.

Bonan G B，Pollard D，Thompson S L. 1992. Effects of boreal forest vegetation on global climate. *Nature*，**359**：716-718.

Bonan G B. 2008. *Ecological Climatology*，2nd ed. Cambridge：Cambridge Univ. Press，550 pp.

Charney J. 1975. Dynamics of deserts and drought in the Sahel. *Quart. J. Roy. Meteor. Soc.* **101**：193-202.

Chow K C，Chan J C L，Shi X L. 2008. Time-lagged effects of spring Tibetan Plateau soil moisture on the monsoon over China in early summer. *International Journal of Climatology*，**28**：55-67.

Dickinson R E，Henderson-Sellers A. 1988. Modelling tropical deforestation：A study of GCM land-surface parameterizations. *Quarterly Journal of the Royal Meteorological Society*，**114**：439-462.

Dickinson R E，Errico R M，Giorgi F，*et al*. 1989. A regional climate model for the western United States. *Climatic Change*，**15**：383-422.

Dirmeyer P A，Koster R D，Guo Z. 2006. Do global models properly represent the feedback between land and atmosphere? *Journal of Hydrometeorology*，**7**：1177-1198.

Dirmeyer P A，Schlosser C A，Brubaker K L. 2009. Precipitation，recycling and land memory：An integrated analysis. *Journal of Hydrometeorology*，**10**：278-288.

D'Odorico P，Porporato A. 2004. Preferential states in soil moisture and climate dynamics. *Proceedings of the National Academy of Sciences of the United States of America*，**101**：8848-8851.

Dutra E，Schär C，Viterbo P. 2011. Land-atmosphere coupling associated with snow cover. *Geophysical Research Letters*，**38**：L15707，doi：10. 1029/2011GL048435.

Feddema J J, Oleson K W, Bonan G B, et al. 2005. The importance of land cover change in simulating future climates. *Science*, **310**:1674-1678.

Findell K L, Eltahir E A B. 1997. An analysis of the soil moisture-rainfall feedback, based on direct observations from Illinois. *Water Resources Research*, **33**: 725-735.

Fu C. 2003. Potential impacts of human-induced land cover change on East Asia monsoon. *Global and Planetary Change*, **37**: 219-229.

Gao X, Luo Y, Lin W, et al. 2003. Simulation of effects of land use change on climate in China by a regional climate model. *Advances in Atmospheric Sciences*, **20**:583-592.

Ge Q, Zhang X, Zheng J. 2014. Simulated effects of vegetation increase/decrease on temperature changes from 1982 to 2000 across the Eastern China. *International Journal of Climatology*, **34**: 187-196.

Georgescu M, Moustaoui M, Mahalov A, et al. 2013. Summer-time climate impacts of projected megapolitan expansion in Arizona. *Nature Climate Change*, **3**: 37-41.

Georgescu M, Lobell D B, Field C B. 2011. Direct climate effects of perennial bioenergy crops in the United States. *Proceedings of the National Academy of Sciences of the United States of America*, **108**:4307-4312, doi:10. 1073/pnas. 1008779108.

Giorgi F. 1990. Simulation of regional climate using a limited area model nested in general circulation model. *Journal of Climate*, **3**: 941-963.

Giorgi F, Mearns L O, Shields C, et al. 1996. A regional model study of the importance of local versus remote controls of the 1988 drought and the 1993 flood over the central United States. *Journal of Climate*, **9**: 1150-1162.

Groisman P Y, Karl T R, Knight R W. 1994. Observed impact of snow cover on the heat-balance and the rise of continental spring temperatures. *Science*, **263**: 198-200.

Hahn D J, Shukla J. 1976. An apparent relation between Eurasian snow cover and Indian monsoon rainfall. *Journal of the Atmospheric Sciences*, **33**: 2461-2462.

Hu Q, Feng S. 2004. A role of the soil enthalpy in land memory. *Journal of Climate*, **17**: 3633-3643.

Kaufmann R K, Zhou L, Myneni R B, et al. 2003. The effect of vegetation on surface temperature:A statistical analysis of NDVI and climate data. *Geophysical Research Letters*, **30** (22):2147, doi:10. 1029/2003GL018251.

Koster R D, Dirmeyer P A, Guo Z, et al. 2004. Regions of strong coupling between soil moisture and precipitation. *Science*, **305**: 1138-1140.

Liu Z, Notaro M, Kutzbach J, et al. 2006. Assessing global vegetation-climate feedbacks from observations. *Journal of Climate*, **19**: 787-814.

Los S O, Weedon G P, North P R J, et al. 2006. An observation-based estimate of the strength of rainfall-vegetation interactions in the Sahel. *Geophysical Research Letters*, **33**:

L16402，doi：10. 1029/2006GL027065.

Lu L，Pielke R A，Liston G E，*et al*. 2001. Implementation of a Two-Way Interactive Atmospheric and Ecological Model and Its Application to the Central United States. *Journal of Climate*，**14**：900-919.

Mahanama S P P，Koster R D，Reichle R H，*et al*. 2008. Impact of subsurface temperature variability on surface air temperature variability：An AGCM study. *Journal of Hydrometeorology*，**9**：804-815，doi：10. 1175/2008JHM949. 1.

Notaro M，Liu Z，Williams J W. 2006. Observed vegetation climate feedbacks in the United States. *Journal of Climate*，**19**：763-786.

Paegle J，Mo K C，Nogues-Paegle J. 1996. Dependence of simulated precipitation on surface evaporation during the 1993 United States summer floods. *Monthly Weather Review*，**124**：345-361.

Pan X，Chao J. 2001. The effects of climate on development of ecosystem in oasis. *Advances in Atmospheric Sciences*，**18**(1)：42-18.

Pielke R A. 2005. Land use and climate change. *Science*，**310**：1625-1626.

Pielke，Sr R A，Pitman A，Niyogi D，*et al*. 2011. Land use/land cover changes and climate：Modeling analysis and observational evidence. *Climate Change*，**2**：828-850，doi：10. 1002/wcc. 144.

Pitman A J，Noblet-Ducoudré N de，Cruz F T，*et al*. 2009. Uncertainties in climate responses to past land cover change：First results from the LUCID intercomparison study. *Geophysical Research Letters*，**36**：L14814，doi：10. 1029/2009GL039076.

Schär C，Lüthi D，Beyerle U，*et al*. 1999. The soil-precipitation feedback：A process study with a regional climate model. *Journal of Climate*，**12**：722-741.

Seneviratne S I，Lüthi D，Litschi M，*et al*. 2006. Land-atmosphere coupling and climate change in Europe. *Nature*，**443**：205-209，doi：10. 1038/nature05095.

Seneviratne S I，Corti T，Davin E L，*et al*. 2010. Investigating soil moisture-climate interactions in a changing climate：A review. *Earth-Science Reviews*，**99**：125-161，doi：10. 1016/j. earscirev. 2010. 02. 004.

Shukla J，Mintz Y. 1982. Influence of land-surface evapotranspiration on the Earth's climate. *Science*，**215**：1498-1501.

Wang Y，Chen W，Zhang J，*et al*. 2013. Relationship between soil temperature in May over Northwest China and the East Asian summer monsoon precipitation. *Acta Meteorologica Sinica*，**27**(5)：716-724，doi：10. 1007/s13351-013-0505-0.

Wei J，Dirmeyer P A，Zhang J. 2010. Land-caused uncertainties in climate change simulations：A study with the COLA AGCM. *Quarterly Journal of the Royal Meteorological Society*，**136**：819-824，doi：10. 1002/qj. 598.

Wu L，Chao J，Fu C，*et al*. 2003. On a simple dynamics model of interaction between oasis and climate. *Advances in Atmospheric Sciences*, **20**(5):775-780.

Wu L, Zhang J. 2014. Strong subsurface soil temperature feedbacks on summer climate variability over the arid/semi-arid regions of East Asia. *Atmospheric Science Letters*, **15**: doi: 10. 1002/asl2. 504.

Xue Y. 1996. The impact of desertification in the Mongolian and the inner Mongolian grassland on the regional climate. *Journal of Climate*, **9**:2173-2189.

Yeh T C, Wetherald R, Manabe S. 1983. A model study of the short-term climatic and hydrologic effects of sudden snow-cover removal. *Monthly Weather Review*, **111**: 1013-1024, doi:10. 1175/1520-0493.

Yeh T C, Wetherald R T, Manabe S. 1984. The effect of soil moisture on the short-term climate and hydrology change-A numerical experiment. *Monthly Weather Review*, **112**:474-490.

Zhang J, Cha D-H, Lee D-K. 2009a. Investigating the role of MODIS leaf area index and vegetation-climate interaction in regional climate simulations over Asia. *Terrestrial, Atmospheric and Oceanic Sciences*, **20**: 377-393.

Zhang J, Dong W, Fu C, *et al*. 2003. The influence of vegetation cover on summer precipitation in China: a statistical analysis of NDVI and climate data. *Advances in Atmospheric Sciences*, **20**: 1002-1006.

Zhang J, Wang W-C. 2008. Diurnal-to-seasonal characteristics of surface energy balance and temperature in East Asia summer monsoon simulations. *Meteorology and Atmospheric Physics*, **102**: 97-112.

Zhang J, Wang W-C, Wei J. 2008. Assessing land-atmosphere coupling using soil moisture from the Global Land Data Assimilation System and observational precipitation. *Journal of Geophysical Research*, **113**: D17119, doi:10. 1029/2008JD009807.

Zhang J, Wang W-C, Wu L. 2009b. Land-atmosphere coupling and diurnal temperature range over the contiguous United States. *Geophysical Research Letters*, **36**: L06706, doi: 10. 1029/2009GL037505.

Zhang J, Wu L, Dong W. 2011a. Land-atmosphere coupling and summer climate variability over East Asia. *Journal of Geophysical Research*, **116**: D05117, doi: 10. 1029/2010 JD014714.

Zhang J, Wu L, Huang G, *et al*. 2011b. The role of May vegetation greenness on the southeastern Tibetan Plateau for East Asian summer monsoon prediction. *Journal of Geophysical Research*, **116**: D05106, doi:10. 1029/2010JD015095.

第 2 章　土壤湿度—大气相互作用对东亚气候的影响

2.1　引言

　　土壤湿度是陆—气相互作用中的一个关键因子,影响着气候系统中的很多过程与反馈。它不仅与能量和水循环密切相关,而且影响着地球生物化学循环,包括碳循环 (Koster *et al.*,2004;Seneviratne *et al.*,2006,2010;Zhang *et al.*,2008a)。土壤湿度与其他的陆面变量包括土壤温度、植被、积雪等之间存在复杂的相互作用(孙菽芬,2005;孙照渤等,2010)。例如,土壤湿度通过影响植被的供水从而调节植物叶片的气孔开闭,进而影响植被的光合作用和蒸腾,从而改变碳循环和水循环。土壤湿度的记忆可以达数月,因而对月到年际尺度的短期气候预测有至关重要的影响。

　　土壤湿度调节着表面的潜热交换,因而影响感热,进而影响局地温度。另外,土壤湿度也能够通过影响云、大气水汽、地表反照率、地面长波发射率等进而影响地表温度。例如,土壤水分的增加会降低地表反照率,进而增加吸收的太阳短波辐射,导致地表升温。土壤湿度不仅改变局地的水循环,而且影响着外部传输进来的水汽是否能够形成降水。土壤湿度反馈还可以改变大气环流状况,进而对区域乃至全球的气候产生重要作用。国内外许多研究者已经利用全球模式模拟 (Shukla and Mintz,1982;Yeh *et al.*,1984;Douville,2004;郭维栋等,2007;Wei *et al.*,2010;陈海山和周晶,2013)、区域模式模拟 (Schär *et al.*,1999;Seneviratne *et al.*,2006;Zhang *et al.*,2008b;

Chow et al.，2008；张文君等，2012；李崇银等，2013)、观测统计
(Zhang et al.，2008a；Betts，2009；Dirmeyer et al.，2009；Wu and
Zhang，2013a)等方法对土壤湿度—大气相互作用做了研究,表明土壤
湿度在各种时空尺度上对大气产生重要影响。本章主要介绍了我们
利用观测统计和长期区域气候模式模拟研究土壤湿度反馈影响东亚
短期气候变化的成果。

2.2   土壤湿度—大气耦合的"热点"地区

2.2.1   辨别土壤湿度—大气耦合关键区的重要性

海—气相互作用具有典型的区域特征,在某些关键区域或"热点"
地区,海—气相互作用尤为强烈,从而对气候变化产生更重要的影响。
例如,中东赤道太平洋的海表温度异常变暖或变冷,会形成著名的厄
尔尼诺或拉尼娜现象。海洋上的 ENSO(厄尔尼诺和南方涛动)循环是
目前季节气候预测最重要的因子。陆地上是否也有类似于海—气相
互作用的"热点"地区存在? 由于陆面具有在季节及以上时间尺度上
记忆气候异常的功能,辨明这样的"热点"地区无疑对提高季节气候预
测水平有非常重要的意义。

2.2.2   全球陆—气耦合试验

由于土壤湿度是最关键的一个陆面因子,土壤湿度—大气耦合通
常也被称为陆—气耦合。由全球能量和水循环计划(GEWEX)支持下
的全球陆—气耦合试验(以下简称GLACE)第一次提供了多个全球大
气环流模式(AGCM)平均的夏季土壤湿度—降水耦合"热点"分布图
(图 2.1)(Koster et al.，2004)。GLACE 估计的陆—气耦合的"热点"
位置主要呈现在气候过渡带地区,包括美国中部、非洲撒赫勒(Sahel)
地区、赤道非洲和印度。另外,南美、中亚和中国也有陆—气耦合相对
较强的区域出现。GLACE 的研究成果被世界气候研究计划(WCRP)
列为 2005—2009 年的成就亮点之一。但是,参加 GLACE 的 12 个模

式给出了非常不同的陆—气耦合强度分布,表明全球模式模拟土壤湿度反馈的工作存在很大的不确定性。

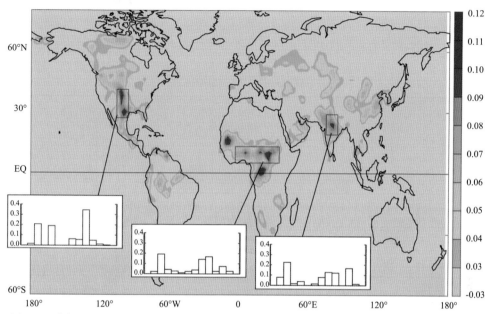

图 2.1　参加 GLACE 试验的 12 个全球模式平均的夏季(6—8 月)土壤湿度—降水耦合强度分布图,颜色越深代表耦合强度越强。柱状图代表相应区域平均的各个模式的耦合强度,不同大小的值表明全球模式模拟的耦合强度的不确定性。(引自 Koster *et al*.,2004)

2.2.3　观测统计的土壤湿度—大气耦合的关键区

Zhang 等(2008a)利用观测资料、陆面同化数据和再分析资料,计算了土壤湿度反馈强度指数,提供了土壤湿度—降水耦合“热点”地区的观测统计分布图(图 2.2)。观测统计的热点位置主要呈现在气候/生态过渡带地区,包括欧亚大陆的中部、从蒙古国到中国北方的区域、中国西南、撒赫勒(Sahel)地区和美国北部。研究结果建议 GLACE 多模式平均的结果在局地到区域尺度上不现实地模拟了土壤湿度—降水耦合强度分布。Dirmeyer 等(2006)利用有限的野外观测站数据比较了观测和 GLACE 模拟的陆地表面状态变量、近地面大气状态变量和陆气通量交换之间的关系,证实 GLACE 不现实地模拟了局地的陆—气耦合关系。Zhang 等(2008b,2011)在美国和东亚的区域气候模式模拟的土壤湿度—降水耦合"热点"位置支持观测统计的结果,并进一步揭示了"热点"地区土壤湿度反馈的影响机理。GLACE 第二阶段的研究针对美国地区分析了土壤湿度对改进降水预报技巧起最大作用的区域,结果表明,如此的区域出现在美国北部,与 Zhang 等(2008a)观测统计的热点位置相一致,而不是出现在 GLACE 多模式平均得到的美国中部热点(Koster *et al.*,2010)。

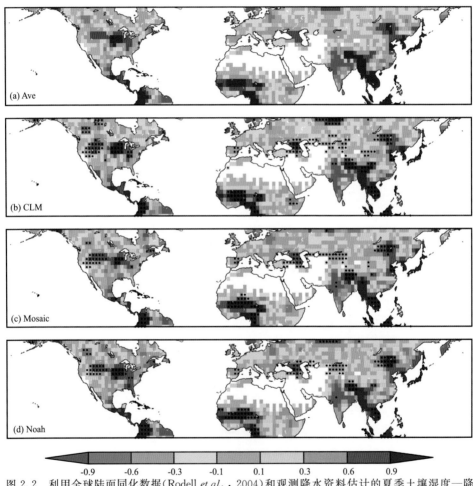

图 2.2　利用全球陆面同化数据(Rodell *et al.*,2004)和观测降水资料估计的夏季土壤湿度—降水耦合强度分布图。图中数值代表土壤湿度反馈降水的强度大小(单位为 mm/mon(0.1 标准化土壤湿度)$^{-1}$),黑点代表通过 95% 信度检验的区域
(a)全球陆面同化数据三个陆面模式平均的土壤湿度与观测降水的耦合强度;(b)同(a)但为陆面模式 CLM 的结果;(c)同(a)但为陆面模式 Mosaic 的结果;(d)同(a)但为陆面模式 Noah 的结果。
(引自 Zhang *et al.*,2008a)

需要指出的是,尽管估计的"热点"位置不相同,但是全球多模式模拟、区域气候模式模拟和观测统计分析一致表明,更强的土壤湿度—大气耦合主要呈现在气候/生态过渡带地区;土壤湿度对温度比对降水的反馈更强(Koster *et al.*,2006;Zhang *et al.*,2011)。考虑到陆—气相互作用的复杂性、模式模拟的不确定性和陆面观测数据的缺乏,目前我们对局地和区域的土壤湿度—大气耦合强度的认识仍存在很大的不确定性,需要进一步更深入和细致的研究。

2.3　土壤湿度反馈对东亚温度和降水年际变率的影响

2.3.1　WRF 模式对东亚夏季气候模拟能力评估

我们利用美国国家大气研究中心(NCAR)WRF 区域气候模式在东亚地区进行了 21 年的长期模拟(Zhang *et al.*,2011)。图 2.3 给出了模式模拟的区域、地形以及分析区域。表 2.1 给出了模式所选择的物理参数化方案。积分时间为 1979 年 1 月 1 日到 1999 年 12 月 31 日,模式初始和边界条件及海表温度驱动场采用 NCEP-DOE 再分析资料

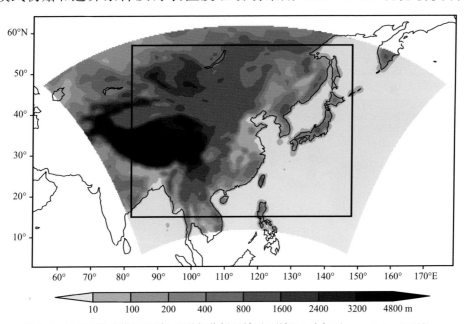

图 2.3　WRF 模式模拟区域、地形与分析区域(矩形框)(引自 Zhang *et al.*,2011)

(*Kanamitsu et al.*，2002)。边界条件和海表温度每隔 6 h 输入一次。我们利用观测的格点降水和温度数据(Xie *et al.*，2007；Fan and van den Dool，2008)对 WRF 模式的模拟能力进行了评估。

表 2.1　WRF 模式物理参数化方案

类别	名称	参考文献
微物理过程参数化	WSM6	Hong and Lim(2006)
积云对流参数化	Kain—Fritsch	Kain(2004)
行星边界层	YSU	Hong *et al.*(2006)
短波和长波辐射	NCAR CAM 3.0	Collins *et al.*(2006)
陆面过程	Noah	Chen and Dudhia(2001)

图 2.4 给出了观测和 WRF 模式模拟的 1980—1999 年夏季平均降水与夏季降水的标准差。观测的夏季平均降水在空间上呈现出一

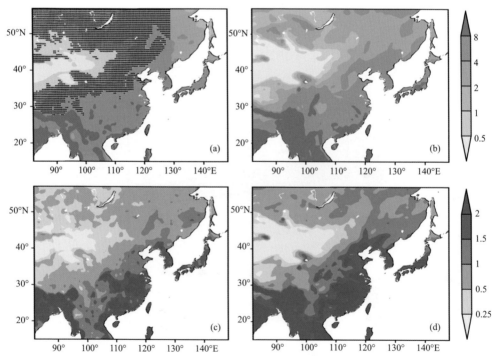

图 2.4　观测(左栏)和 WRF 模式模拟(右栏)的 1980—1999 年夏季平均降水与夏季降水的标准差。(a，b)平均降水(mm/d)；(c，d)标准差(mm/d)。(a)中圆点表示(82°—129°E，25°—57°N)范围内平均夏季降水在 1～4 mm/d 的地区,大体代表东亚气候与生态过渡带的范围(引自 Zhang *et al.*，2011)

个清晰的东南—西北的梯度,降水高值出现在热带、中国南部、韩国和日本(>4 mm/d),降水低值出现在西北地区(<1 mm/d)。整体来说,WRF 模式对东亚大部分地区的夏季平均降水的模拟,无论在量值上还是在空间分布上都比较好。但是,WRF 模式低估了中国西部一些地区的夏季降水,高估了中南半岛和其他一些地区的夏季降水。观测和模拟的降水变率的空间分布类似于夏季平均降水。与观测相比,模式较好地模拟了夏季降水变率。

图 2.5 给出了观测和 WRF 模式模拟的 1980—1999 年夏季平均温度与夏季温度的标准差。模式模拟的夏季气温平均值与观测有较好的一致性,尤其是在空间分布上。同时注意到,WRF 模式在许多地

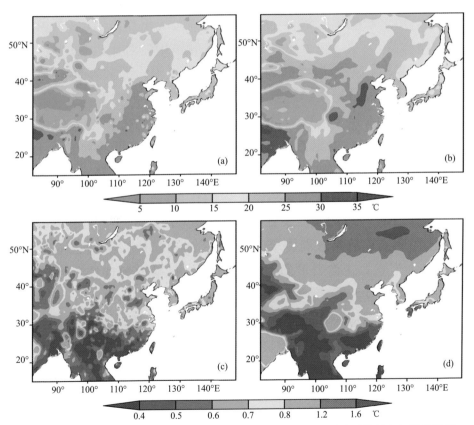

图 2.5 观测(左栏)和 WRF 模式模拟(右栏)的 1980—1999 年夏季平均温度与夏季温度的标准差(a, b)平均温度(℃);(c, d)标准差(℃)(引自 Zhang et al.,2011)

区模拟的气温偏暖。观测的温度的标准差,也就是年际变率,呈现出一个大的从南向北的梯度。在受海洋影响比较大的热带和副热带地区,气温标准差最小。WRF 模式成功地模拟了 45°N 以南大部分地区由南向北的梯度,也较好地模拟了这些地区的温度变率的幅度。但是,模式高估了东北亚地区的温度变率。

2.3.2　土壤湿度对东亚夏季温度年际变率的影响

　　我们进一步做了敏感试验来研究土壤湿度反馈对东亚夏季气候变率的影响(Zhang *et al*.,2011)。敏感试验与 2.3.1 节叙述的 WRF 模拟试验(控制试验)条件完全相同,但是土壤湿度用控制试验的平均值。积分时间为 1980—1999 年 20 个夏季,从 6 月 1 日开始到 8 月 31日终止。由于敏感试验解耦了土壤湿度—大气相互作用,那么控制试验与敏感试验的差反映了土壤湿度反馈的作用。对比敏感试验,控制试验中的夏季日平均温度的年际变率普遍增强。尤其在西伯利亚的南部—蒙古的北部地区,中国东北到华中和南亚的东部地区,日平均温度的标准差有很大的增加,增加幅度为 0.2～0.8℃。土壤湿度对日平均温度变率有显著影响的许多地区位于气候和生态过渡带地区。土壤湿度反馈对日最高和日最低温度变率有不对称的影响,对日最高温度变率比对日平均温度变率有更强的作用,表现为更多的格点通过了 90% 显著性检验。对比来看,土壤湿度对日最低温度变率的影响比较小。土壤湿度反馈仅仅对青藏高原东部和其他一些地区的日最低温度的标准差有显著的正的影响。显著的日最低温度变率的减少出现在长江中下游地区。白天的最高温度依赖于表面的太阳短波辐射加热以及净辐射分配给感热和潜热的能量,这些过程与土壤湿度密切相关。对比来看,夜间最低温度很大程度上受水汽等温室气体的影响,这主要与大尺度过程有关。这在很大程度上解释了土壤湿度反馈对日最高和日最低温度变率的不对称影响。

　　图 2.6 给出了土壤湿度反馈引起的夏季温度年际方差占总方差的百分比和土壤湿度—温度耦合强度参数。土壤湿度反馈对日平均温度变率有重要影响的地区主要出现在西伯利亚南部—蒙古北部,从

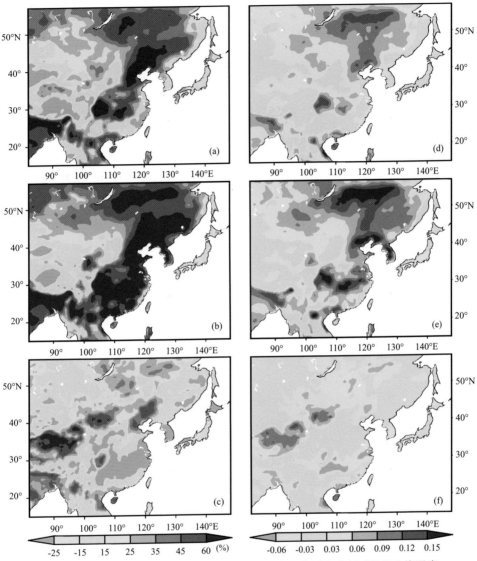

图 2.6　土壤湿度反馈引起的夏季温度年际方差占总方差的百分比(左栏)和土壤湿度—
温度耦合强度参数(右栏)。(a, d)日平均温度;(b, e)日最高温度;(c, f)日最低温度
(引自 Zhang et al., 2011)

中国东北到华中的地区,还有南亚的东部地区。在这些地区,土壤湿
度能够贡献一半或更多的日平均温度的方差。这些热点地区在很大
程度上与 Zhang 和 Dong(2010)从观测统计上得出的土壤湿度对日平
均温度的反馈的热点地区一致。本文和 Zhang 等(2008b)针对美国的

区域气候模拟得出的土壤湿度反馈对温度有重要影响的地区与 GLA-CE 研究得出的热点地区有许多面积一致。但是,在细节上存在一些差异。

土壤湿度反馈在影响除中国西部和日本以外地区的夏季陆地日最高温度变率中扮演了至关重要的作用,尤其在土壤湿度—平均温度耦合的热点地区,有更大的影响,在许多地区能够解释超过 60% 的方差(图 2.6)。土壤湿度对日最高温度反馈的结果建议,土壤湿度反馈对东亚夏季高温热浪的发生有重要影响。

土壤湿度反馈对东亚夏季日最低温度变率的贡献比较有限,可能与日最低温度受其他因子包括大气环流和海表温度的影响较大有关。土壤湿度反馈主要对青藏高原东部到中国北部和南亚东部地区的日最低温度变率有放大作用(图 2.6)。以往在其他区域的研究也表明,土壤湿度反馈普遍对日最高温度的影响比对日最低温度的影响大。

2.3.3　土壤湿度对东亚夏季降水年际变率的影响

图 2.7 给出了土壤湿度反馈引起的夏季降水年际方差占总方差的百分比和土壤湿度—降水耦合强度参数。在西伯利亚南部—蒙古北部和中国北方的气候与生态过渡带地区、中国西部的许多地区,土壤湿度反馈显著增强了夏季降水的年际变率。在这些地区,土壤湿度反馈解释了大约一半的夏季降水的方差。普遍来讲,在季风区,土壤湿度反馈对降水变率有较小影响。注意到土壤湿度反馈对降水变率增强的信号占主导的同时,在一些地区出现了夏季降水变率的减少。这些降水变率的减少可能由负的土壤湿度反馈引起,也可能有其他的原因,例如大尺环流的影响等。

对流性降水对土壤湿度的敏感性比大尺度降水高,在土壤湿度对总降水的影响中处于主导地位(图 2.7)。这与 GLACE 以及我们以往的研究(Zhang *et al.*,2008b)结论一致。

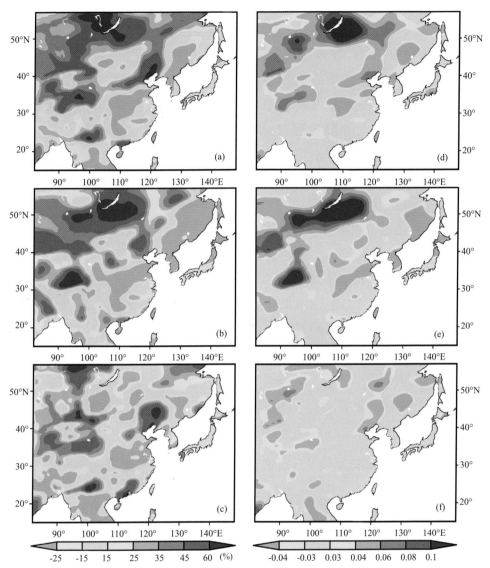

图 2.7　土壤湿度反馈引起的夏季降水年际方差占总方差的百分比(左栏)和土壤湿度—
　　　降水耦合强度参数(右栏)。(a, d)总降水；(b, e)对流性降水；(c, f)非对流性降水
　　　　　　　　　　　　(引自 Zhang et al.,2011)

2.3.4　小结与展望

　　在中纬度陆地面积,增加的温度和降水变率能够潜在地引起更多
的气候极端事件,例如更加连续密集的酷热天气,增加的干旱和洪涝。

目前的研究已经逐渐认识到陆—气相互作用在影响气候变率中的作用,但是陆—气相互作用的强度和区域重要性方面仍旧研究不足。

我们利用 WRF 模式进行了两个长期积分来评估土壤湿度反馈对东亚夏季气候年际变率的贡献(Zhang *et al.*,2011)。研究发现土壤湿度反馈在影响东亚夏季气候变率中扮演了重要作用,尤其在气候和生态过渡带地区。土壤湿度强烈地放大了西伯利亚南部和蒙古北部地区、中国东北到华中区域和南亚的东部地区的日平均温度变率,解释了至少一半的方差。研究也发现土壤湿度对日最高温度变率的影响比对日平均温度变率的影响更大。除了青藏高原东部和一些其他地区,土壤湿度通常对日最低温度有很小的影响。土壤湿度对西伯利亚南部到蒙古以及我国北方的气候与生态过渡带地区和中国西部的许多地区的夏季降水变率做了主要的贡献。土壤湿度－温度的耦合主要由土壤湿度影响表面通量的能力决定,土壤湿度－降水的耦合也依靠其他的物理过程尤其是对流过程。

2.4　土壤湿度反馈对中国东部日最高和最低温度的不对称影响

2.4.1　中国东部日最高、日最低温度和温度日较差变率

我们利用 1979—2004 年国家气象信息中心均一化的中国地面台站观测资料(Li *et al.*,2009)分析了中国东部春季、夏季和秋季日最高、日最低温度和温度日较差的年际变率(Wu and Zhang,2013a)。在三个季节,中国东部地区日最高温度的变率普遍大于日最低温度和温度日较差的变率。日最高、日最低温度和温度日较差的变率存在明显的季节变化。在春季,日最高温度变率的高值区主要呈现在中国东北、北方气候与生态过渡带地区和华北地区,最大变率幅度超过1.0℃。春季日最低温度变率的高值区主要呈现在中国东北和北方气候与生态过渡带地区,但是幅度普遍小于日最高温度的变率。春季日较差变率的高值区主要呈现在华北和东北的一些地区。夏季日最高、

日最低温度和日较差年际变率与春季有相似的空间分布。除了中国东北的一些地区,夏季温度变量变率的幅度普遍比春季小。在秋季,日最高温度的年际变率与春季和夏季的空间分布相似,但是幅度普遍比春季小而比夏季大。秋季日最低温度变率的空间分布和幅度都与春季相似。但是,秋季日较差的年际变率与春季和夏季不同,高值区主要出现在中国东南部。

2.4.2　土壤湿度对中国东部日最高、日最低温度和温度日较差的影响

利用全球陆面同化数据的土壤湿度资料和观测的温度数据,采用反馈参数方法,我们量化了土壤湿度反馈对中国东部日最高、日最低温度和温度日较差的影响(Wu and Zhang,2013a)。在三个季节,土壤湿度对三个温度变量主要呈现出负的反馈作用。在春季,土壤湿度对日最高温度的显著负反馈主要出现在中国东北,过渡带和华北地区,幅度为$-0.2 \sim -0.6$℃(标准化土壤湿度)$^{-1}$。而正的反馈主要出现在一些孤立的小区域。土壤湿度对日最低温度的反馈呈现出一个类似于对日最高温度反馈的空间形式,但是幅度比较小。在中国北方的许多地区,土壤湿度对日最高和最低温度的不对称影响,导致了在这些地区对日较差的显著的负反馈。我们进一步对比了土壤湿度反馈对温度变量的区域差别。结果显示,在中国北方的三个区域东北、过渡带和华北的土壤湿度对日最高、日最低温度和温度日较差的反馈普遍大于其他四个区域(华中,华南,西北,西南)。在土壤湿度对温度影响显著的地区,普遍能够贡献$5\% \sim 20\%$的方差,在其余地区,贡献的百分比小于5%。

在夏季,土壤湿度对日最高温度的显著的负反馈主要出现在中国东北,过渡带和华北地区,反馈系数大约在$-0.2 \sim -0.6$℃(标准化土壤湿度)$^{-1}$。在这三个地区,夏季区域平均的土壤湿度对日最高温度的反馈大于其他四个区。在东北,过渡带和华北地区,土壤湿度对日最低温度的负反馈比对日最高温度的反馈小,表现为有更少的格点通过90%信度检验。在这三个地区,土壤湿度对日较差有负的影响,大小在$-0.1 \sim -0.4$℃(标准化土壤湿度)$^{-1}$。与春季对比,夏季土壤湿

度反馈呈现出类似的空间分布,但是在中国北方的一些地区幅度要小于春季。在反馈显著发生的地区,土壤湿度能够解释5%～30%的日最高、日最低温度和温度日较差的方差。

在秋季,土壤湿度对日最高和日最低温度也有不对称的影响。然而,反馈明显不同于春季和夏季。在东北和一些过渡带地区,土壤湿度对日最低温度有显著的正的反馈,但是对日最高温度的反馈普遍不显著,导致对日较差有显著的负反馈。在这些区域外,也能看到显著的土壤湿度对日较差的反馈,主要是由于对日最高温度的反馈大于对日最低温度的反馈。在显著的反馈发生区,土壤湿度能够解释5%～30%的日最高、日最低温度和温度日较差的方差。

为了检验全球陆面同化数据计算的结果,我们进一步用美国气候预测中心的土壤湿度资料计算了土壤湿度对日最高、日最低温度和温度日较差的反馈系数和土壤湿度贡献的百分比(Wu and Zhang,2013a)。美国气候预测中心的数据计算的土壤湿度反馈系数和百分比展示了与全球陆面同化数据相似的空间分布。两个数据都表明,在所有的三个季节,土壤湿度对日最高、日最低温度和温度日较差的反馈主要出现在中国北部的许多地区,能够解释5%～30%的方差。美国气候预测中心的数据显示的季节变化也与全球陆面同化数据比较一致。这意味着,我们的主要结论不依赖于土壤湿度数据。与此同时,两者之间也存在一些差别。例如,在显著反馈发生地区,由美国气候预测中心的数据计算的土壤湿度对日最高温度和温度日较差的反馈系数普遍比全球陆面同化数据的弱。

我们的这项研究表明,中国东部土壤湿度对日最高和日最低温度有不对称的影响(Wu and Zhang,2013a)。Wu等(2011)发现中国东部植被也对日最高和日最低温度有不对称的影响,并随季节变化。然而,它们存在着很大的不同。土壤湿度对春季、夏季、秋季的日较差有显著的负的反馈。对比来看,植被对所有季节的日较差在中国东部的许多地区有显著的正反馈,显著的负反馈仅仅出现在夏季的过渡带地区。

2.4.3 土壤湿度对中国东部日最高、日最低温度和温度日较差影响的物理机制分析

土壤湿度影响温度的能力可以分解为土壤湿度影响潜热的能力和潜热影响表面温度的能力。我们首先检查了土壤湿度影响潜热的能力。在中国东部大部分地区,在所有三个季节土壤湿度都表现了很强的影响潜热的能力。尤其在中国北部的许多地区,土壤湿度和潜热的相关系数大于 0.5($P<0.01$)(Wu and Zhang,2013a)。

我们进一步探讨了潜热影响温度的能力(Wu and Zhang,2013a)。在春季和夏季,在中国北方的许多地区,土壤湿度增加导致了潜热的增加,进而降低了日最高温度。在这些地区,负的潜热—日最高温度关系导致了负的潜热—日较差,这可能解释了土壤湿度对日较差的负反馈。在秋季,潜热和日最高温度的关系普遍不显著,表明潜热对日最高温度的影响不大。我们假想土壤湿度的增加带来了潜热增加,进而增加了水汽、云并可能导致长波辐射的增强,最终导致日最低温度的增加。中国北方许多地区正的潜热对日最低温度的影响可能解释了土壤湿度对温度日较差负的反馈。这里用诊断分析给出了可能的物理解释,在将来应该用模式模拟来进一步验证。

2.4.4 小结与展望

我们用陆面同化数据的土壤湿度资料和观测的温度数据,从统计上量化了土壤湿度对中国东部日最高和日最低温度的反馈,研究聚焦在春季、夏季和秋季(Wu and Zhang,2013a)。在所有三个季节,土壤湿度对日最高和日最低温度呈现出不对称的影响,并随季节变化。在春季和夏季,土壤湿度对中国东部日最高和日最低温度的反馈主要为负值。在这两个季节,土壤湿度对中国北方许多地区的日最高温度比日最低温度有更强的负反馈,因而对温度日较差产生负反馈的作用。与春季和夏季相比,秋季的反馈有着不同的空间分布。在中国东北和一些过渡带地区,土壤湿度对日最低温度比日最高温度有更强的正反馈作用,结果导致这些地区秋季的土壤湿度对日较差为显著的负反

馈。我们进一步量化了土壤湿度对日最高、日最低温度和日较差的贡献的百分比,在中国北方土壤湿度反馈显著发生的许多地区,土壤湿度贡献了 5%~30% 的日最高、日最低温度和温度日较差的方差。

我们讨论了可能的物理机制,通过分解土壤湿度影响温度的能力为土壤湿度影响潜热的能力和潜热影响温度的能力来解释我们的发现。在所有三个季节,土壤湿度对中国东部大部分地区的潜热有重要影响。在春季和夏季,中国北部的大半部分地区潜热对日最高温度有负的影响,导致了负的潜热—日较差的结果。这个机制可能解释了这些地区土壤湿度对日较差的负反馈。在秋季,中国东北地区和一些过渡带地区,潜热对日最低温度有很强的正反馈作用,这可能解释了土壤湿度对温度日较差的负反馈作用。

我们用美国气候预测中心的土壤湿度数据进一步检查了得到的结果。结果表明,全球陆面同化数据和美国气候预测中心的数据结果有较好的一致性。与此同时,在一些地区也存在差异。本研究所用方法也有一些局限性。因此,结果需要用其他数据和方法进一步调查,可能的物理机制在将来也应该用数值模拟来验证。

2.5　土壤湿度反馈对中国高温热浪的影响

2.5.1　高温热浪的变化趋势、危害及物理成因

高温热浪能够对社会、经济和生态环境造成严重的损失。高温日数与热浪次数在过去几十年里呈现增加的趋势(Easterling *et al.*, 2000；Meehl and Tebadi, 2004；Alexander *et al.*, 2006)。世界气象组织报告显示,2001—2010 期间高温热浪导致的死亡人数相较于1991—2000 年增加了 2300%(WMO,2013)。2003 年夏季欧洲大部分地区遭遇了历史罕见的高温热浪,2010 年夏季俄罗斯联邦发生了超强持久的高温热浪。两次高温热浪事件分别导致了 6.6 万多人和5.5 万多人死亡。中国的热极端事件在过去的几十年中趋于更频繁更严重(Zhai *et al.*, 1999；Yan *et al.*, 2002；Qian and Lin, 2004；Gong *et al.*，2004；You *et al.*，2011；Wang *et al.*，2012）。例如，在 2013 年中国的许多地区都发生了罕见的高温热浪，给人类生活、国民经济、农业、水资源等造成了巨大的影响。研究预测，未来中国及全球其他地区高温热浪发生的频率和强度将会进一步增加（IPCC，2012）。

然而，目前对引起中国高温热浪变化的物理机制尚缺乏足够的认识。研究认为中国的高温热浪与海表温度、大尺度环流异常、全球变暖和城市化有关（Gong *et al.*，2004；谈建国等，2008；You *et al.*，2011；赵俊虎等，2011；Chen and Lu，2013）。陆面在中国高温热浪中的作用的研究比较少见。

我们利用两个长期的含有和没有土壤湿度—大气相互作用的 WRF 区域气候模式模拟评估了土壤湿度反馈对中国夏季高温热浪的影响（张井勇和吴凌云，2011）。结果表明，土壤湿度反馈增加了中国的高温热浪。尤其是在中国东部和西南的大部分地区，高温热浪的增加都有统计上的显著性。在这些地区，土壤湿度反馈能够贡献 30%～70% 的高温热浪。研究结果表明，陆—气相互作用对中国高温热浪的发生起到重要作用。

2.5.2　土壤湿度反馈对中国高温热浪影响的 WRF 区域气候模式模拟试验设计

我们利用两组 WRF 模式模拟试验（Zhang *et al.*，2011a；2011b）来量化土壤湿度反馈对中国高温热浪的影响（张井勇和吴凌云，2011）。一个为控制试验，允许土壤湿度与大气进行自由相互作用。另一个为敏感试验，土壤湿度采用控制试验的平均值，同时保持其他的试验条件完全相同。敏感试验与控制试验的差别被用来评估土壤湿度反馈对中国高温热浪的影响。

2.5.3　WRF 区域气候模式对中国高温热浪的模拟能力评估

两个指数被用来描述高温热浪。一是高温日数，是指日最高温度达到或超过长期平均的第 90 个日最高温度百分位值的高温天数。另外一个是热浪次数，是指高温天气持续两天及以上的频次。长期平均的第 90 个日最高温度百分位值是指 1980—1999 年平均的第 90 个百分位值。观测和 WRF 模式模拟的第 90 个百分位值分别用观测和控制试验 20 年的平均值。观测的日最高温度采用了 0.5°分辨率的 CN05 资料(Xu *et al.*, 2009)。这个数据集是通过插值中国 751 个站点资料而生成的。

对比观测和 WRF 模式模拟的 1980—1999 年平均的高温日数和热浪次数发现,观测和模拟的高温热浪呈现相似的空间分布(张井勇和吴凌云,2011)。总体而言,控制试验较好地模拟出了中国东部和西南地区的高温热浪的强度和空间分布。但在长江中下游和东北北部,高温日数和热浪次数的大小被高估了。在中国的西北地区,控制试验较好模拟了高温日数和热浪次数的空间分布,但是低估了其强度。

2.5.4 土壤湿度反馈对中国高温热浪的贡献

图 2.8 给出了 WRF 控制试验与敏感试验的高温日数与热浪次数的差值场,实心点代表通过 90% 显著性检验。由于敏感试验采用控制试验多年平均的夏季土壤湿度,它与控制试验的差异反映了土壤湿度对中国高温热浪的影响。在中国大部分地区,控制试验与敏感试验的差值都是正值,表明土壤湿度反馈增加了中国的高温日数和热浪次数。同时,土壤湿度对高温热浪的影响依赖气候区的干湿状况。在湿润/半湿润区,包括中国东部与西南地区,高温日数和热浪次数的增加幅度分别大约为 3～7 d/a 和 0.75～1.5 次/a,大部分达到了 90% 的统计显著性。相比而言,在干旱的中国西北,土壤湿度反馈对高温日数和热浪次数的反馈作用普遍比较弱,幅度小且普遍统计上不显著。

图 2.9 给出了土壤湿度反馈对中国高温日数与热浪次数的相对贡献,由控制试验与敏感试验的差与控制试验的比计算得到。在中国东部和西南地区,土壤湿度反馈普遍能够贡献 30%～70% 的高温日数与热浪次数。而在中国西北,土壤湿度反馈只能解释 30% 或更少的高温日数与热浪次数。

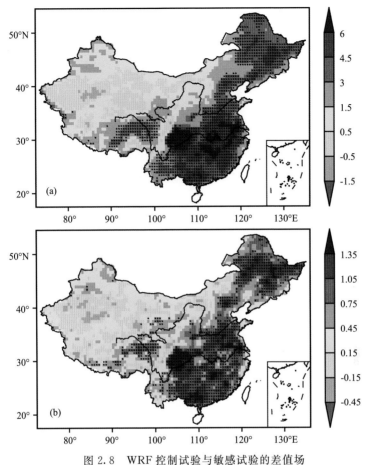

图 2.8　WRF 控制试验与敏感试验的差值场

（a）高温日数；（b）热浪次数。实心点代表通过 90％ 统计显著性检验
（Student's t－test）（引自张井勇和吴凌云，2011）

　　土壤湿度对高温热浪的影响很大程度上依赖于土壤湿度对表面
潜热和感热的影响能力。一般而言，在土壤湿度反馈对高温热浪有显
著影响的中国东部和西南地区，土壤湿度对表面通量有较强的影响。
而在中国西北地区，因为土壤湿度变化本身比较小，对表面通量和高
温热浪的影响相对有限。

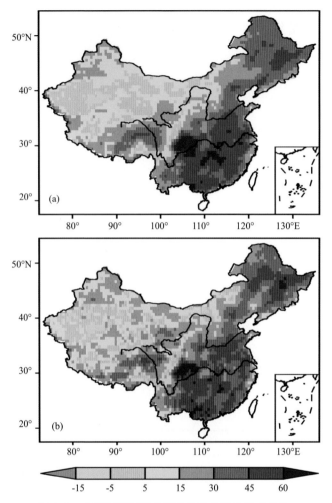

图 2.9   土壤湿度反馈对高温热浪的相对贡献(%)

(a) 高温日数;(b) 热浪次数。百分比值由控制试验与敏感试验的差与控制试验的
比计算得来(引自张井勇和吴凌云,2011)

2.5.5   小结与展望

我们的 WRF 区域气候模式长期模拟试验结果表明,土壤湿度反馈能够增加中国的高温热浪(张井勇和吴凌云,2011)。在中国东部和西南,土壤湿度反馈能够贡献 30%~70% 的高温日数与热浪次数。在干旱的中国西北,土壤湿度反馈对高温热浪的影响相对有限,只能贡

献 30％或更少的高温日数和热浪次数。除了土壤湿度反馈作用,中国的高温热浪也受到海表温度异常等的影响(Gong et al.,2004;谈建国等,2008;You et al.,2011;赵俊虎等,2011;Hu et al.,2012;Chen and Lu,2013)。尤其是在干旱的中国西北地区,土壤湿度反馈的影响相对有限,其他因子起到重要作用。

总体上讲,WRF 模式能够较好地模拟中国的高温日数与热浪次数。但在一些地区也存在模拟偏差。例如,WRF 模式低估了中国西北的高温日数与热浪次数,而高估了长江中下游和东北一些地区的高温日数与热浪次数。将来应该用多个区域气候模式集合来研究土壤湿度反馈对中国高温热浪的影响,从而减少单个模式误差造成的不确定性。

2.6 土壤湿度反馈对中国东部干旱洪涝的影响

2.6.1 中国干旱和洪涝的危害及物理成因

干旱和洪涝是我国最常见、影响最大和造成经济损失最严重的两种气候灾害。每年由于干旱和洪涝造成的粮食和经济损失约占气象灾害造成经济总损失的 78％(黄荣辉和周连童,2002)。华北地区是我国干旱发生最为频繁的地区,而洪涝主要发生在长江中下游和东南沿海以及松花江、嫩江流域。这些地区的干旱和洪涝发生的频率高,强度大,范围广,已经给国民经济、生态环境和社会生活带来了严重的损失(宋连春等,2003;丁一汇等,2009;张强等,2009;Wang et al.,2012)。研究表明,中国夏季的干旱和洪涝与夏季风、ENSO、海温异常、青藏高原的积雪异常等密切相关(黄荣辉和周连童,2002;Wang et al.,2012)。比较而言,土壤湿度对干旱和洪涝的影响研究相对比较少。

2.6.2　中国东部地区 1998 年夏季特大洪涝和 1999 年夏季南涝北旱

1998 年夏季,中国东部的大部分地区经历了强降水,尤其在长江流域和东北的西部,降水超过了常年(1980—1999 年夏季降水平均)的 50%(图 2.10a)。1999 年夏季,中国东部 30°N 以北的大部分地区发生了严重的干旱,降水在许多地区都比 1980—1999 夏季平均降水减少了 30%(图 2.10b),而在南方则发生了洪涝。

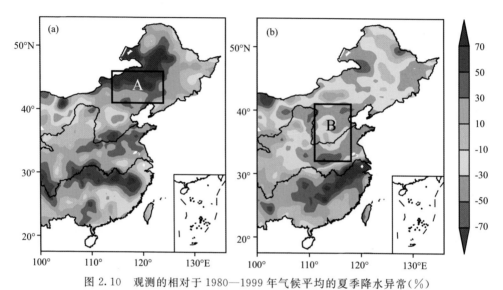

图 2.10　观测的相对于 1980—1999 年气候平均的夏季降水异常(%)

(a)1998 年;(b) 1999 年。图中区域 A 和 B 的经纬度分别为 (114°—124°E,41°—46°N)和
(111°—118°E, 32°—41°N)(引自 Wu and Zhang,2013b)

2.6.3　土壤湿度反馈对 1998 和 1999 年中国东部夏季干旱和洪涝影响的 WRF 区域气候模拟

我们利用 WRF 区域气候模式模拟,探讨了 1998 和 1999 年土壤湿度反馈对中国东部夏季干旱和洪涝的影响(Wu and Zhang,2013b)。研究设计了两组试验,控制试验从 1979 年 1 月到 1999 年 12 月进行连续积分,而敏感试验用 1980—1999 年夏季的气候平均态取代了 1998 年和 1999 年土壤湿度的演变。由于敏感试验没有土壤湿度—大气相互作用,因而两组试验的差可以用来评估土壤湿度反馈对中国东部夏

季干旱和洪涝的影响。结果表明,在1998年夏季,中国北方气候和生态过渡带的许多地区(图2.10中的区域A),洪涝的发生很大程度上依赖于土壤湿度的反馈作用(图2.11)。在1999年夏季,土壤湿度反馈对中国北方干旱的发生起着关键的作用(图2.11,图2.10中的区域B)。总体来看,土壤湿度对夏季降水的反馈作用有很强的区域依赖性,土壤湿度对中国南方的降水异常影响与北方相比较小。这是由于土壤湿度反馈在中国南部的湿润地区比较弱,对表面蒸散和降水的影响比较小的缘故。

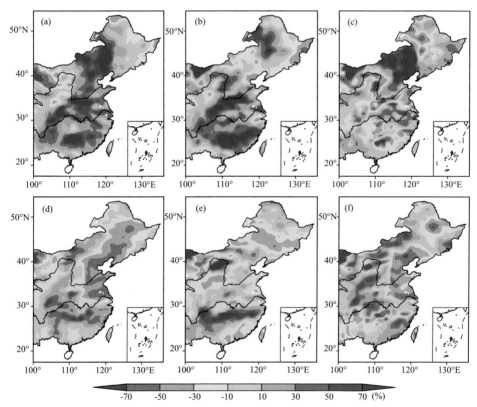

图2.11 土壤湿度对1998年(上栏)和1999年(下栏)夏季降水距平的影响

(a),(d)控制试验模拟的1998和1999年夏季降水距平与1980—1999年夏季平均降水的比(%);
(b),(e),敏感试验模拟的1998和1999年夏季降水距平与1980—1999年夏季平均降水的比(%);
(c),(f),控制试验与敏感试验的降水差值场((a)减去(b)和(d)减去(e))。

(引自Wu and Zhang, 2013b)

表 2.2 列出了 1998 和 1999 年夏季区域 A 和区域 B 的观测的以及控制试验和敏感试验模拟的降水异常（$A=(P-\overline{P})\times100\%/\overline{P}$，$A$ 表示降水异常，P 为 1998 年或 1999 年夏季降水，$\overline{P}$ 为 1980—1999 年夏季的平均降水）。结果表明，WRF 模式能够相当好地模拟出这两个区域的干旱和洪涝。土壤湿度对这两个区域发生的干旱和洪涝起到了重要作用。

表 2.2　1998 年和 1999 年夏季区域 A 和区域 B 观测的以及控制试验和敏感试验模拟的降水异常

	1998 年（区域 A）	1999 年（区域 B）
观测	50.4%	−34.2%
控制试验	60.0%	−30.1%
敏感试验	4.1%	−11.6%

我们进一步讨论了土壤湿度反馈影响这两个区域干旱和洪涝的物理机制（Wu and Zhang，2013b）。结果表明，1998 年夏季，区域 A 的土壤湿度在 0~10，10~40，40~100 cm 土壤层与 1980—1999 年平均值相比异常偏高，导致该地区潜热增加（图 2.12）。进一步对比控制试验和敏感试验模拟的区域 A 夏季的日降水量的结果表明，在 1998 年的夏季，控制试验在区域 A 产生的降水量在许多天都大于敏感试验。比较大的差别主要体现在中雨和大雨（≥10 mm/d）上：控制试验产生的中雨和大雨为 20 d，而敏感试验产生的仅为 7 d。这个结果表明，土壤湿度影响 1998 年区域 A 的洪涝主要通过对中雨和大雨的影响。

比较来看，1999 年夏季，区域 B 的土壤湿度在 0~10，10~40，40~100 cm 土壤层上与 1980—1999 年平均值相比异常偏低，造成该地区潜热降低（图 2.12）。控制试验和敏感试验在 1999 年夏季的区域 B 的日降水量的差别主要来自于小雨（<10 mm/d）：控制试验产生的小雨明显小于敏感试验，正是由于小雨的减少而导致了干旱的发生。

总而言之，土壤湿度反馈对中国北部的干旱和洪涝起到重要作用，而对中国南方的降水异常影响较小。土壤湿度的记忆功能能够帮助提高中国北部干旱和洪涝的预测能力。

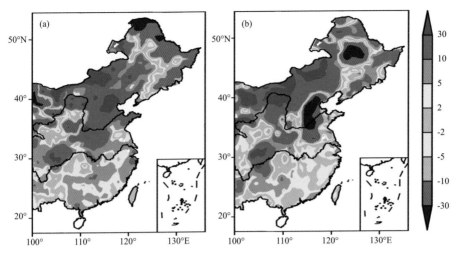

图 2.12　WRF 模拟的相对于 1980—1999 年气候平均的夏季潜热异常
（控制试验减去敏感试验与 1980—1999 年控制试验气候平均场的比，%）

（a）1998 年；（b）1999 年（引自 Wu and Zhang，2013b）

参考文献

陈海山,周晶.2013.土壤湿度年际变化对中国区域极端气候时间模拟的影响研究Ⅱ:敏感性
　　试验分析.大气科学,**37**(1):1-13.

丁一汇,张建云,等.2009.暴雨洪涝.北京:气象出版社,290pp.

郭维栋,马柱国,王会军.2007.土壤湿度——一个跨季度降水预测中的重要因子及其应用探
　　讨.大气科学,**12**(1):20-28.

黄荣辉,周连童.2002.我国重大气候灾害特征、形成机理和预测研究.自然灾害学报,**11**(1):1-9.

李崇银,刘会荣,宋洁.2013.2009/2010 年冬季云南干旱的进一步研究——前期土壤湿度影
　　响的数值模拟.气候与环境,**18**(5):551-561.

宋连春.邓振铺,董安祥,等.2003.干旱.北京:气象出版社,162pp.

孙菽芬.2005.陆面过程的物理、生化机理和参数化模型.北京:气象出版社,307pp.

孙照渤,陈海山,谭桂荣,等.2010.短期气候预测基础.北京:气象出版社,382pp.

谈建国,郑有飞,彭丽,等.2008.城市热岛对上海夏季高温热浪的影响.高原气象,**27**:
　　144-149.

张井勇,吴凌云.2011.陆—气耦合增加中国的高温热浪.科学通报,**56**:1905-1909.

张文君,周天军,智海.2012.土壤湿度影响中国夏季气候的数值试验.气象学报,**70**(1):
　　78-90.

张强,潘学标,马柱国,等.2009.干旱.气象出版社,199pp.

赵俊虎,封国林,张世轩,等.2011.近 48 年中国的季节变化与极端温度事件的联系.物理学

报,**60**(9):099205.

Alexander L V, Zhang X, Peterson T C, et al. 2006. Global observed changes in daily climate extremes of temperature and precipitation. *Journal of Geophysical Research*, **111**(D5): doi:10. 1029/2005 JD006290.

Betts A K. 2009. Land-surface-atmosphere coupling in observations and models. *Journal of Advances in Modeling Earth Systems*, **1**(3):doi:10. 3894/JAMES. 2009. 1. 4.

Chen F, Dudhia J. 2001. Coupling and advanced land surface-hydrology model with the Penn State-NCAR MM5 modeling system. Part I: Model implementation and sensitivity. *Monthly Weather Review*, **129**: 569-585.

Chen R, Lu R. 2013. Large-scale circulation anomalies associated with "tropical night" weather in Beijing, China. *International Journal of Climatology*, doi:10. 1002/joc. 3815.

Chow K C, Chan J C L, Shi X, et al. 2008. Time-lagged effects of spring Tibetan Plateau soil moisture on the monsoon over China in early summer. *International Journal of Climatology*, **28**(1):55-67, doi:10. 1002/joc. 1511.

Collins W D, Rasch P J, Boville B A, et al. 2006. The formulation and atmospheric simulation of the Community Atmosphere Model version 3(CAM3). *Journal of Climate*, **19**: 2144-2161.

Douville H. 2004. Relevance of soil moisture for seasonal atmospheric predictions:is it an initial value problem? *Climate Dynamics*, **22**(4):429-446.

Dirmeyer P A, Koster R D, Guo Z. 2006. Do global models properly represent the feedback between land and atmosphere? . *Journal of Hydrometeorology*, **7**: 1177-1198.

Dirmeyer P A, Schlosser C A, Brubaker K L. 2009. Precipitation, recycling and land memory:An integrated analysis. *Journal of Hydrometeorology*, **10**: 278-288.

Easterling D R, Meehl G A, Parmesan C, et al. 2000. Climate extremes:Observations, modeling, and impacts. *Science*, **289**: 2068-2074.

Fan Y, van den Dool H. 2008. A global monthly land surface air temperature analysis for 1948-present. *Journal of Geophysical Research*, **113**: D01103, doi: 10.1029/2007JD008470.

Gong D Y, Pan Y Z, Wang J A. 2004. Changes in extreme daily mean temperatures in summer in eastern China during 1955-2000. *Theoretical and Applied Climatology*, **77**(1-2): 25-37, doi:10. 1007/s00704-003-0019-2.

Hong S Y, Lim J O J. 2006. The WRF single-moment 6-class microphysics scheme(WSM6) . *Journal of the Korean Meteorological Society*, **42**: 129-151.

Hong S Y, Noh Y, Dudhia J. 2006. A new vertical diffusion package with an explict treatment of entrainment processes. *Monthly Weather Review*, **134**: 2318-2341.

Hu K, Huang G, Qu X, et al. 2012. The impact of Indian Ocean variability on high temperature extremes across the southern Yangtze River valley in late summer. *Advances in Atmospheric Sciences*, **29**: 91-100.

IPCC. 2012. Managing the Risks of Extreme Events and Disasters to Advance Climate Change

Adaptation. A Special Report of Working Groups I and II of the Intergovernmental Panel on Climate Change [Field, C. B. , V. Barros, T. F. Stocker, D. Qin, D. J. Dokken, K. L. Ebi, M. D. Mastrandrea, K. J. Mach, G. -K. Plattner, S. K. Allen, M. Tignor, and P. M. Midgley(eds.)]. Cambridge University Press, Cambridge, UK, and New York, NY, USA, 582 pp.

Kain J. 2004. The Kain-Fritsch convective parameterization: An update. *Journal of Applied Meteorology and Climatology*, **43**: 170-181.

Kanamitsu M, Ebisuzaki W, Woollen J, *et al.* 2002. NCEP-DOE AMIP-II reanalysis(R-2). *Bulletin of the American Meteorological Society*, **83**: 1631-1643.

Koster R D, Dirmeyer P A, Guo Z, *et al.* 2004. Regions of strong coupling between soil moisture and precipitation. *Science*, **305**: 1138-1140.

Koster R D, Guo Z, Dirmeyer P A, *et al.* 2006. GLACE:The Global Land-Atmosphere Coupling Experiment. Part I:Overview. *Journal of Hydrometeorology*, **7**(4):590-610.

Koster R D, Mahanama S P P, Yamada T J, *et al.* 2010. Contribution of land surface initialization to subseasonal forecast skill: First results from a multi-model experiment. *Geophysical Research Letters*, **37**(2):L02402, doi:10. 1029/2009GL041677.

Li Q, Zhang H, Liu X, *et al.* 2009. A mainland China homogenized historical temperature dataset of 1951—2004. *Bulletin of the American Meteorological Society*, **90**(8): 1062-1065.

Meehl G A, Tebaldi C. 2004. More intense, more frequent and longer lasting heat waves in the 21st century. *Science*, **305**: 994-997.

Qian W, Lin X. 2004. Regional trends in recent temperature indices in China. *Climate Research*, **27**(2):119-134.

Rodell M, Houser P R, Jambor U, *et al.* 2004. The global land data assimilation system. *Bulletin of the American Meteorological Society*, **85**(3): 381-394, doi:10. 1175/BAMS-85-3-381.

Seneviratne S I, Lüthi D, Litschi M, *et al.* 2006. Land-atmosphere coupling and climate change in Europe. *Nature*, **443**: 205-209, doi:10. 1038/nature05095.

Seneviratne S I, Corti T, Davin E L, *et al.* 2010. Investigating soil moisture-climate interactions in a changing climate:A review. *Earth-Science Reviews*, **99**: 125-161, doi:10. 1016/j. earscirev. 2010. 02. 004.

Schär C, Lüthi D, Beyerle U, *et al.* 1999. The soil-precipitation feedback:A process study with a regional climate model. *Journal of Climate*, **12**: 722-741.

Shukla J, Mintz Y. 1982. Influence of land-surface evapotranspiration on the Earth's climate. *Science*, **215**: 1498-1501.

Wang H J, Sun J Q, Chen H P, *et al.* 2012. Extreme climate in China:Facts, simulation and projection. *Meteorologische Zeitschrift*, **21**(3): 279-304, doi: 10. 1127/0941-2948/2012/0330.

Wei J, Dirmeyer P A, Zhang J. 2010. Land-caused uncertainties in climate change simulations: A study with the COLA AGCM. *Quarterly Journal of the Royal Meteorological Society*, **136**: 819-824, doi:10. 1002/qj. 598.

WMO. 2013. The global climate 2001—2010, a decade of climate extremes summary report, WMO-No. 1119.

Wu L, Zhang J. 2013a. Asymmetric effects of soil moisture on mean daily maximum and minimum temperatures over eastern China. *Meteorology and Atmospheric Physics*, **122**(3-4): 199-213.

Wu L, Zhang J. 2013b. Role of land-atmosphere coupling in summer droughts and floods over eastern China for the 1998 and 1999 cases. *Chinese Science Bulletin*, **58**(32), 3978-3985, doi:10. 1007/s11434-013-5855-6.

Wu L, Zhang J, Dong W. 2011. Vegetation effects on mean daily maximum and minimum surface air temperatures over China. *Chinese Science Bulletin*, **56**:900-905.

Xie P, Yatagai A, Chen M, et al. 2007. A gauge-based analysis of daily precipitation over East Asia. *Journal of Hydrometeorology*, **8**(3):607-626, doi:10. 1175/JHM583. 1.

Xu Y, Gao X, Shen Y, et al. 2009. A daily temperature dataset over China and its application in validating a RCM simulation. *Advances in Atmospheric Sciences*, **26**: 763-772.

Yan Z, Jones P D, Davies T D, et al. 2002. Trends of extreme temperatures in Europe and China based on daily observations. *Climatic Change*, **53**(1-3):355-392.

Yeh T C, Wetherald R T, Manabe S. 1984. The effect of soil moisture on the short-term climate and hydrology change-A numerical experiment. *Monthly Weather Review*, **112**: 474-490.

You Q, Kang S, Aguilar E, et al. 2011. Changes in daily climate extremes in China and their connection to the large scale atmospheric circulation during 1961—2003. *Climate Dynamics*, **36**(11-12):2399-2417.

Zhai P, Sun A, Ren F, et al. 1999. Changes of Climate Extremes in China. *Climatic Change*, **42**(1):203-218.

Zhang J, Wang W-C, Wei J. 2008a. Assessing land-atmosphere coupling using soil moisture from the Global Land Data Assimilation System and observational precipitation. *Journal of Geophysical Research*, **113**: D17119, doi:10. 1029/2008JD009807.

Zhang J, Wang W C, Leuug L R. 2008b. Contribution of land-atmosphere coupling to summer climate variability over the contiguous United States. *Journal of Geophysical Research*, **113**:D22109,doi:10. 1029/2008JD010136.

Zhang J, Dong W. 2010. Soil moisture influence on summertime surface air temperature over East Asia. *Theoretical and Applied Climatology*, **100**(1-2):221-226.

Zhang J, Wu L, Dong W. 2011b. Land-atmosphere coupling and summer climate variability over East Asia. *Journal of Geophysical Research*, **116**: D05117, doi: 10. 1029/2010JD014714.

第3章 土壤温度—大气相互作用对东亚气候的影响

3.1 引言

在最近的几十年,陆—气相互作用及其对气候的影响研究得到越来越多的关注。有大量的研究表明土壤水分、植被、雪盖对天气和气候的重要作用(Shukla and Mintz,1982;Pielke *et al.*,1998;Bonan,2008;Dutra *et al.*,2011,Zhang *et al.*,2011)。例如,研究发现土壤湿度—大气耦合在气候/生态过渡带地区对夏季降水变化起到重要作用(Koster *et al.*,2004;Seneviratne *et al.*,2006;Zhang *et al.*,2008)。

土壤是调节地表温度年循环振幅的巨大热量的源或汇。在暖季,地表将热量传入土壤深层并储存下来。在冷季,储存在土壤中的热量被释放到地表,增加了地表温度。土壤温度不仅能够直接影响表面的能量和水分循环,而且能够对生物化学循环产生重要影响(汤懋苍等,1986;王万秋,1991;Hu and Feng,2004;Bonan,2008)。次表层土壤温度记忆时间可以达数月或更长,因而对提高短期气候预测具有重要的潜在价值。

土壤湿度对大气的重要作用已被广泛认识到(Yeh *et al.*,1984;孙丞虎等,2005;Wang *et al.*,2008;辛羽飞等,2012;Wu and Zhang,2013)。相比较于土壤湿度—大气相互作用的研究,土壤温度—大气相互作用的研究较少(Mahanama *et al.*,2008;Xue *et al.*,2012)。本章介绍了我们在土壤温度反馈气候方面最近的研究进展。

3.2　土壤温度反馈对东亚夏季气候的影响

我们利用 WRF 区域气候模式模拟，探讨了土壤温度反馈对东亚夏季气候变率的影响（Wu and Zhang（2014））。研究设计了两组试验，控制试验从 1979 年 1 月到 2005 年 12 月进行连续积分，而敏感试验用 1981—2005 年夏季的气候平均态取代了 10 cm 以下土壤层土壤温度的演变。由于敏感试验没有土壤温度—大气相互作用，因而两组试验的差可以用来评估次表层土壤温度反馈对东亚夏季气候变率的影响。

与观测对比，WRF 区域模式能够较好地模拟东亚地区 1981—2005 年的夏季降水和温度年际变率的空间分布和幅度。但是在一些地区，模式也存在着偏差。两组试验的差表明，土壤温度反馈增强了从青藏高原西北部经中国西北到蒙古南部的东亚干旱/半干旱地区的夏季温度变率。在这些地区，土壤温度反馈对夏季温度的年际变率有着重要贡献，解释了大约 30%～70% 的方差（图 3.1）。Zhang 等（2011）的研究表明，在东亚干旱/半干旱区外的大部分地区，土壤湿度反馈对东亚夏季温度变率起着重要作用。共同地，土壤湿度和土壤温度对东亚夏季温度变率起着重要作用。除了土壤湿度和土壤温度，其他因素，如 ENSO 和印度洋海温，也可以影响到东亚地区夏季温度的变化（Chang，2004；Yang et al.，2007）。

对比来看，在东亚干旱/半干旱区土壤温度反馈对降水年际变率的影响要弱于对温度年际变率的影响（图 3.1）。显著的正反馈主要出现在干旱/半干旱区的西部，在许多地区解释了大约一半的方差。在东亚气候与生态过渡带地区，土壤湿度对夏季降水变率有重要贡献（Zhang et al.，2011）。因而可以看出，除湿润地区外的东亚地区，土壤湿度和土壤温度对夏季降水变率有重要影响。

在陆地表面状况对气候有重要影响的地区，陆面记忆能够提高季节到年际气候预测的技巧。在东亚干旱/半干旱地区，土壤温度反馈对夏季气候有重要影响。同时，图 3.2 表明，东亚干旱/半干旱地区次

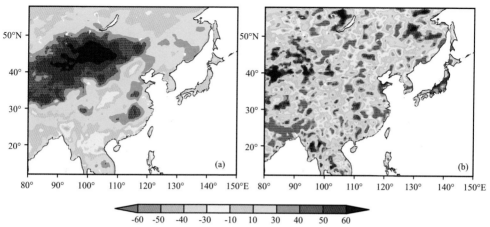

图 3.1　次表层土壤温度反馈引起的夏季气候年际方差占总方差的百分比(％)

(a)温度；(b)降水

图中黑点表示通过 90％的显著性检验(引自 Wu and Zhang，2014)

表层土壤温度的记忆长达 3～15 mon。因而，在东亚干旱/半干旱地区，次表层的土壤温度对夏季气候预测有重要的潜在价值。在将来的东亚干旱/半干旱地区夏季气候预测中应该将前期次表层的土壤温度变化作为一个陆面预报因子。

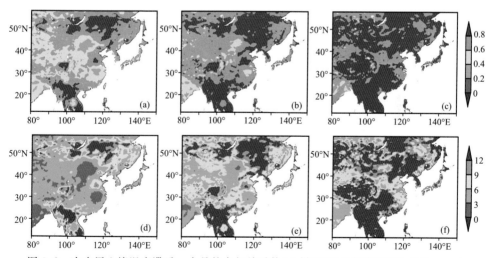

图 3.2　次表层土壤温度滞后一个月的自相关系数(上栏)和记忆长度(下栏，单位：mon)

(a，d) 10～40 cm；(b，e) 40～100 cm；(c，f) 100～200 cm

记忆长度利用 1981—2005 年夏季的 WRF 控制试验数据通过 $(1+a)/(1-a)$

(a 为滞后一个月的自相关系数)计算得到(引自 Wu and Zhang，2014)

3.3　春季土壤温度与东亚夏季降水的关系

3.3.1　我国西北干旱/半干旱地区 5 月 0.8 m 土壤温度与东亚季风区夏季降水的关系

如上节所述,东亚地区土壤温度—大气耦合最强的区域出现在干旱/半干旱区。干旱/半干旱区的土壤温度变化能否对东亚降水产生影响? 王远皓(2013)通过观测统计分析研究了我国西北干旱/半干旱地区次表层土壤温度与东亚夏季风降水的关系。

王远皓(2013)的研究聚焦在年际时间尺度,因而首先通过傅里叶变换去除了我国西北干旱/半干旱地区春季 0.8 m 土壤温度资料的年代际变化趋势,然后分析了区域平均的春季土壤温度与东亚夏季降水的关系。图 3.3 给出了我国西北干旱/半干旱区 5 月 0.8 m 土壤温度正负异常年合成的东亚季风区降水的差异。结果表明我国西北干旱/半干旱区 5 月土壤温度与东亚季风区降水紧密关联。东亚季风区降水的合成差异整体上呈现出华南地区为正距平,而江淮地区为负距平的结构表明,当我国西北干旱/半干旱地区 5 月次表层土壤温度偏暖时,我国江淮梅雨区夏季降水偏少,而华南地区夏季降水偏多。相关分析与合成分析的结果相一致。我国西北干旱/半干旱地区 5 月次表层土壤温度与 6—7 月江淮梅雨区平均降水的相关系数达到-0.57,超过 95% 的显著性检验。

从图 3.4 可以看出,我国西北干旱/半干旱地区 0.8 m 的春季土壤温度普遍在季节及以上时间尺度上有记忆能力。有些月份的部分地区次表层土壤温度的记忆长度可以超过 12 个月。土壤温度的记忆功能能够为夏季气候预测提供帮助。

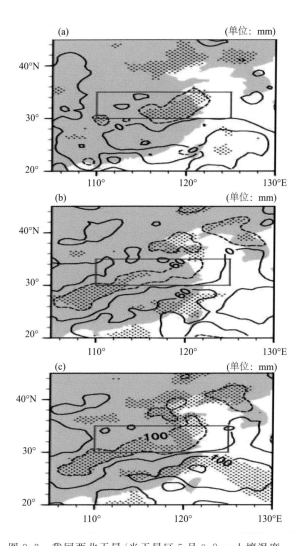

图 3.3　我国西北干旱/半干旱区 5 月 0.8 m 土壤温度

正负异常年合成的东亚季风区降水的差异

（a）6 月,（b）7 月,（c）6 月和 7 月。黑点为通过 90% 显著性检验,

矩形框(30°—35°N,110°—125°E)表示江淮梅雨区(引自王远皓,2013)

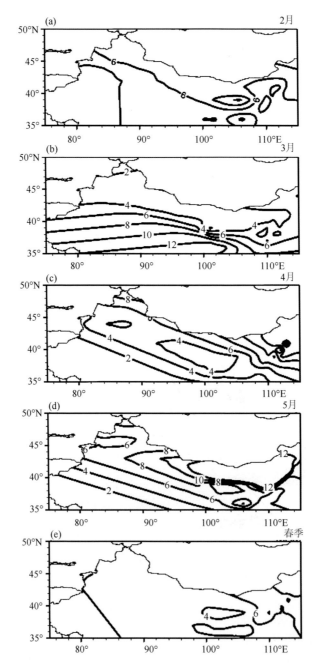

图 3.4 我国西北干旱/半干旱区 0.8 m 土壤温度的记忆长度(单位:mon)

(a)2 月,(b)3 月,(c)4 月,(d)5 月,(e)春季(3,4,5 月)。

土壤温度的记忆长度利用 1971—2000 年的观测数据通过(1+a)/(1−a)

(a 为自相关系数)计算得到(引自王远皓,2013)

3.3.2　我国西北干旱/半干旱地区春季土壤温度影响东亚季风区夏季降水的可能物理机制

我国西北干旱/半干旱区次表层土壤温度是如何影响东亚夏季风降水的呢？通过分析温度、位势高度、风场等的变化，王远皓(2013)进一步讨论了可能的物理机制。图3.5给出了我国西北干旱/半干旱区5月0.8 m土壤温度正负异常年合成的5月表面土壤温度和沿着

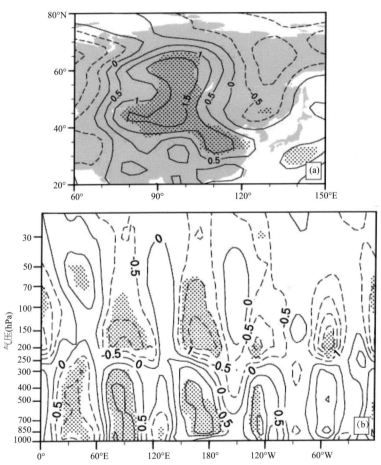

图3.5　我国西北干旱/半干旱区5月0.8 m土壤温度正负异常年合成的5月表面土壤温度(a)，5月沿着45°N各层大气温度的差异(b)，黑点表示通过90%显著性检验，单位：℃(引自王远皓，2013)

45°N 各层大气温度的差异。从图中可以看出,表层的土壤温度在我国西北干旱/半干旱区及其周围地区表现为一个大的正异常中心。由此表明,当我国西北干旱/半干旱区次表层土壤温度异常偏暖时,局地及附近的表层土壤温度表现为异常偏暖的状态,中心可达 1.5℃ 以上。表层土壤温度的正异常对大气温度有加热作用,对流层中低层以下大气温度都表现为异常的偏暖状态。

图 3.6 给出了我国西北干旱/半干旱区 5 月 0.8 m 土壤温度正负异常年合成的 5 月 500 hPa 位势高度场的差异。从图中可以看出,在我国西北干旱/半干旱区及周围地区表现为一个范围大异常强的正异常中心,而在华南地区和西北太平洋有一个小的负异常中心。这些结果表明,我国西北干旱/半干旱区 5 月的次表层土壤温度异常可能对同期位势高度产生重要的影响。

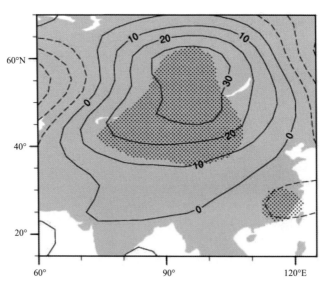

图 3.6   我国西北干旱/半干旱区 5 月 0.8 m 土壤温度正负异常年合成的 5 月 500 hPa
位势高度(单位:gpm)差异,黑点表示通过 90% 显著性检验(引自王远皓,2013)

次表层土壤温度的记忆可达数月或更长,我国西北干旱/半干旱区 5 月次表层土壤温度异常的影响可能持续到夏季,进而对东亚夏季降水产生重要作用。我国西北干旱/半干旱地区的次表层土壤温度偏暖时,850 hPa 风场呈现出东亚季风槽区域的东风距平和梅雨锋区的西风异常。这一异常结构对应着长江流域降水的偏多,与张庆云等

(2003)的研究相一致。而当我国西北干旱/半干旱地区的次表层土壤温度偏冷时,850 hPa 的风场呈现相反的结构,对应的长江流域的降水偏少。

图 3.7 给出了我国西北干旱/半干旱区 5 月 0.8 m 土壤温度正负

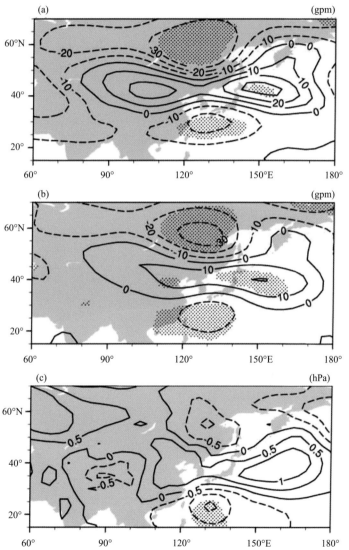

图 3.7　我国西北干旱/半干旱区 5 月 0.8 m 土壤温度正负异常年合成的 6,7 月的位势高度与海平面气压场的差异。(a) 200 hPa 位势高度,(b) 500 hPa 位势高度,(c)海平面气压。黑点为通过 90%显著性检验(引自王远皓,2013)

异常年合成的 6,7 月的位势高度与海平面气压场的差异。从图中可以看出,200 hPa 和 500 hPa 的位势高度场呈现一致的结构。即从南到北呈现"负—正—负"的波列结构。华南及西太平洋低纬地区(30°N以南)为负值区,我国长江中下游及淮河流域的中纬度地区为正值区,而高纬度又呈现为负值区。海平面气压场基本呈现一致的分布型。

Huang(2004)利用 500 hPa 位势高度定义了东亚夏季风指数(EAP),EAP 指数可以较好地反映东亚夏季风气候系统的年际变化特征。我国西北干旱/半干旱地区 5 月 0.8 m 的土壤温度与 EAP 指数的相关系数达到 0.61,通过 99％的显著性检验,表明我国西北干旱/半干旱区次表层土壤温度与东亚夏季风有紧密的联系。

参考文献

孙丞虎,李维京,张祖强,等. 2005. 淮河流域土壤湿度异常的时空分布特征及其与气候异常关系的初步研究. 应用气象学报,16(2):129-138.

汤懋苍,尹建华,蔡洁萍. 1986. 冬季地温分布与春、夏降水相关的统计分析. 高原气象,5(1):40-52.

王万秋. 1991. 土壤温湿异常对短期气候影响的数值模拟试验. 大气科学,15:115-123.

王远皓. 2013. 东亚中纬度干旱/半干旱区土壤温度变化特征及其对东亚夏季风降水的可能影响和机理. 中国科学院大气物理研究所博士论文,106pp.

辛羽飞,武炳义,卞林根,等. 2012. 冻土水热变化对东亚气候影响的模拟. 科学通报,57(30):2872-2881.

张庆云,陶诗言,陈烈庭. 2003. 东亚夏季风指数的年际变化与东亚大气环流. 气象学报,61(4):559-568.

Bonan G B. 2008. *Ecological Climatology*, 2nd ed. Cambridge:Cambridge Univ. Press, 550 pp.

Chang CP. 2004. Preface, in East Asian Monsoon, edited by Chang C P, pp. v-vi, World Sci, Singapore.

Dutra E,Schär C,Viterbo P. 2011. Land-atmosphere coupling associated with snow cover. *Geophysical Research Letters*,38:L15707,doi:10.1029/2011GL048435.

Hu Q,Feng S. 2004. A role of the soil enthalpy in land memory. *Journal of Climate*,17:3633-3643.

Huang G. 2004. An index measuring the interannual variation of the East Asian summer monsoon-The EAP index. *Advances in Atmospheric Sciences*,21(1):41-52.

Koster R D, Dirmeyer P A, Guo Z, *et al*. 2004. Regions of strong coupling between soil moisture and precipitation. *Science*, **305**: 1138-1140.

Mahanama S P P, Koster R D, Reichle R H, *et al*. 2008. Impact of subsurface temperature variability on surface air temperature variability: An AGCM study. *Journal of Hydrometeorology*, **9**: 804-815, doi: 10. 1175/2008JHM949. 1.

Pielke R A, Avissar R I, Raupach M, *et al*. 1998. Interactions between the atmosphere and terrestrial ecosystems: influence on weather and climate. *Global Change Biology*, **4**(5): 461-475.

Seneviratne S I, Lüthi D, Litschi M, *et al*. 2006. Land-atmosphere coupling and climate change in Europe. *Nature*, **443**: 205-209, doi: 10. 1038/nature05095.

Shukla J, Mintz Y. 1982. Influence of land-surface evapotranspiration on the Earth's climate. *Science*, **215**: 1498-1501.

Wang C, Cheng G, Deng A, *et al*. 2008. Numerical simulation on climate effects of freezing-thawing processes using CCM3. *Sciences in Cold and Arid Regions*, **1**: 68-79.

Wu L, Zhang J. 2013. Role of land-atmosphere coupling in summer droughts and floods over eastern China for the 1998 and 1999 cases. *Chinese Science Bulletin*, **58**(32), 3978-3985, doi: 10. 1007/s11434-013-5855-6.

Wu L, Zhang J. 2014. Strong subsurface soil temperature feedbacks on summer climate variability over the arid/semi-arid regions of East Asia. *Atmospheric Science Letters*, **15**: doi: 10. 1002/asl2. 504.

Xue Y, Vasic R, Janjic Z, *et al*. 2012. The impact of spring subsurface soil temperature anomaly in the western US on North American summer precipitation: A case study using regional climate model downscaling. *Journal of Geophysical Research*, **117** (D11): D11103, doi: 10. 1029/2012JD017692.

Yang J, Liu Q, Xie SP, *et al*. 2007. Impact of the Indian Ocean SST basin mode on the Asian summer monsoon. *Geophysical Research Letters* **34**: L02708, doi: 10. 1029/2006GL028571.

Yeh T C, Wetherald R T, Manabe S. 1984. The effect of soil moisture on the short-term climate and hydrology change—A numerical experiment. *Monthly Weather Review*, **112**: 474-490.

Zhang J, Wang W-C, Wei J. 2008. Assessing land-atmosphere coupling using soil moisture from the Global Land Data Assimilation System and observational precipitation. *Journal of Geophysical Research*, **113**: D17119, doi: 10. 1029/2008JD009807.

Zhang J, Wu L, Dong W. 2011. Land-atmosphere coupling and summer climate variability over East Asia. *Journal of Geophysical Research*, **116**: D05117, doi: 10. 1029/2010JD014714.

第4章 植被—大气相互作用
对东亚气候的影响

4.1 引言

4.1.1 植被—大气相互作用

植被与大气之间存在复杂的相互作用。气候状况是决定陆地生态系统最重要的因素。研究估计,水分、温度和光照分别大约制约着全球40%、33%和27%陆地表面的植被生长(Nemani *et al.*,2003)。剧烈的气候变化常常会引起陆地生态系统的更替和突变。人类活动能够通过森林砍伐、农业、城市化、植树造林等方式直接改变陆地表面状况,也能够通过影响CO_2、气候条件等间接影响陆地生态系统(Foley *et al.*,2005)。气候影响植被的同时,植被变化通过改变陆地与大气界面间物质、能量和动量交换进而对天气和气候产生至关重要的影响(Pielke *et al.*,1998)。自然的植被动态变化和人类活动引起的土地利用/覆盖变化是气候变化的重要驱动力。

4.1.2 植被影响气候的生物地球物理与生物地球化学过程

植被变化能够通过改变地表反照率影响陆地表面吸收的太阳辐射,通过改变长波发射率影响长波辐射。植被变化通过改变地表粗糙度影响陆地表面的通量交换。植被变化能够影响降水截留、蒸散、地表产流过程、土壤入渗过程等进而影响水循环。植被变化还能够通过间接影响大气环流、云、大气湿度等进一步对气候造成影响。

除了上述的生物地球物理过程，植被变化还能够通过生物地球化学过程尤其是碳循环对气候产生重要影响。陆地生态系统的物质代谢、土地利用和林地动态变化以及气候变化引起的生态系统的地理分布变化能够在不同时间尺度（季节到千年）影响大气 CO_2 的变化（Bonan，2008）。

4.1.3　植被反馈气候的研究进展

早期的植被变化影响气候的研究工作主要聚焦在典型区域大规模植被变化对气候的生物地球物理反馈作用。其中，萨赫勒地区荒漠化与亚马孙雨林砍伐的气候环境效应是两个典型的例子。Otterman（1974）1970 年代提出了萨赫勒地区荒漠化的一个假说：人为的植被破坏造成地表反照率的增加，进而引起降水的减少和荒漠化。Charney（1975）利用动力学分析和数值试验方法对地表反照率减少对萨赫勒地区干旱的影响进行了研究，提出了生物地球物理反馈机制。随后，大量的数值试验在这一地区开展，包括只增加地表反照率、同时考虑地表反照率和土壤湿度的影响、改变植被类型等（Laval and Picon，1986；Sud and Molod，1988；Xue and Shukla，1993）。这些研究进一步证实了萨赫勒地区干旱与地表植被破坏的联系。在亚马孙地区的数值模拟试验也普遍发现森林砍伐能够引起当地降水的减少（Dickinson and Kenney，1992）。

随着模式的发展和改进，对陆—气相互作用的描述得到很大改善。包含了植被—大气相互影响的动态植被模块等被引入陆面过程模式中（Foley *et al.*，1996；Bonan *et al.*，2003）。研究者利用模式模拟方法对动态植被和土地利用/覆盖变化的生物地球物理反馈和生物地球化学反馈进行了更深入的研究（Levis *et al.*，2000；Wang *et al.*，2004；Feddema *et al.*，2005；Delire *et al.*，2011；Lawrence *et al.*，2012）。随着陆面遥感资料的累积，利用观测统计方法研究植被对区域气候影响的工作也开展起来（Zhang *et al.*，2003；Kaufmann *et al.*，2003；Notaro *et al.*，2006）。

在东亚地区，观测统计、动力学分析和数值模拟都表明，陆表面植被状况的改变能够对表面气候、水循环乃至季风环流产生至关重要的影响(Xue，1996；Fu，2003；Gao *et al.*，2003；Zhang *et al.*，2003；Takata *et al.*，2009；吴凌云等，2011；巢纪平和井宇，2012；吴凯和杨修群，2013；陈海山和张叶，2013)。本章介绍了我们最近利用观测统计和区域气候模式模拟方法研究植被—大气相互作用对东亚气候影响的工作。

4.2　植被在东亚夏季风预测中的作用

4.2.1　青藏高原东南部春季植被变化与东亚夏季风的关系

为了研究春季植被变化与东亚夏季风的关系,我们计算了 1982—2006 年春季各月(3—5 月)和春季平均的归一化植被指数(NDVI)与东亚夏季风指数(EASMI)的相关系数(Zhang *et al.*,2011)。EASMI 是一个反的 Wang－Fan 指数(Wang and Fan，1999；Wang *et al.*，2008)。结果表明,青藏高原东南部 5 月的植被变化与东亚夏季风的关系最密切(图 4.1a)。图 4.1b 给出了 1982—2006 年平均的青藏高原东南部 NDVI 的空间分布图。普遍而言,青藏高原东南部 5 月的 NDVI 都大于 0.12,平均值为 0.23。图 4.1c 给出了青藏高原东南部平均的 5 月 NDVI 与 EASMI 的时间序列。两者的相关系数是 0.70,超过了 99.9% 的显著性检验,表明青藏高原前期植被变化与东亚夏季风有密切关系。

图 4.2 给出了 1982—2006 年青藏高原东南部平均的 5 月 NDVI 与夏季降水相关的空间分布。从图中可以看出,青藏高原东南部 5 月的植被变化与青藏高原东南地区、东亚副热带梅雨锋区和中国北方的许多地区夏季降水有显著的正相关关系。另外,显著的负相关主要呈现在西北太平洋季风区。这些结果表明,青藏高原东南部 5 月的植被增加可能导致青藏高原东南部、东亚副热带梅雨锋区和中国北方许多地区夏季降水的增加和西北太平洋季风区降水的减少。

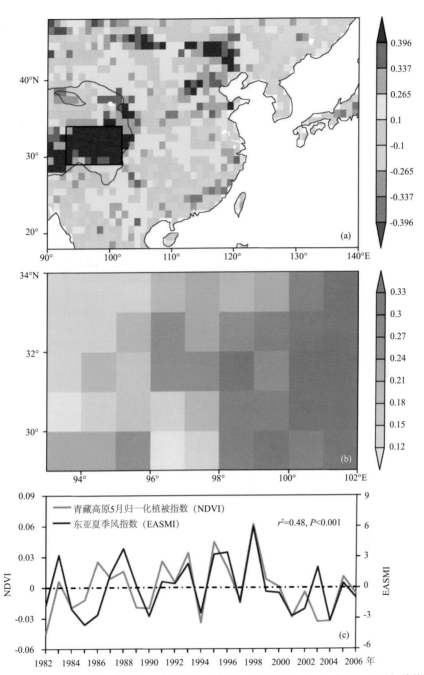

图 4.1　（a）1982—2006 年 5 月的归一化植被指数（NDVI）与东亚夏季风指数（EASMI）相关的空间
分布；（b）1982—2006 年平均的青藏高原东南部（图 a 中的框区）5 月 NDVI 的分布；（c）5 月青藏高原
东南部 NDVI 与 EASMI 的时间序列。EASMI 是一个反的 Wang－Fan 指数（Wang and Fan，1999；
Wang *et al.*，2008）。计算相关系数前，NDVI 与 EASMI 的线性趋势都被去除。±0.265，±0.337，
±0.369 是达到 80%，90% 和 95% 信度检验的相关系数值（引自 Zhang *et al.*，2011）

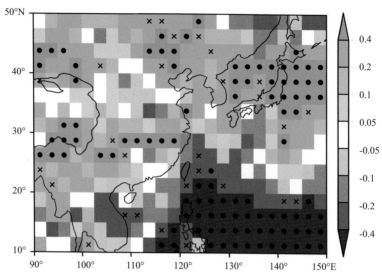

图 4.2　1982—2006 年青藏高原东南部平均的 5 月归一化植被指数（NDVI）与夏季降水相关的空间分布。计算相关系数前，NDVI 与降水的线性趋势都被去除。× 与 ● 分别代表通过 90% 和 95% 的显著性检验（引自 Zhang *et al.*，2011）

4.2.2　青藏高原东南部春季植被变化影响东亚夏季风的物理机制

　　青藏高原素有地球"第三极"之称，平均海拔高度达 4000 m 以上，约占对流层的三分之一。特殊的大地形与大气过程使其成为地—气相互作用和全球变化研究的关键区。20 世纪 50 年代以前，青藏高原对气候影响的研究主要集中在其机械作用（叶笃正和高由禧，1979）。1950 年代末，叶笃正等（1957）和 Flohn（1957）发现青藏高原是北半球夏季一个强大的热源。此后，青藏高原的动力和热力作用研究得到广泛开展，取得了大批研究成果（Luo and Yanai，1984；黄荣辉，1985；Yanai and Li，1994；吴国雄等，2004；马耀明等，2009；Yang *et al.*，2011）。研究证实，青藏高原的陆表面状况通过影响表面的能量、物质和动量交换对局地、亚洲和全球的气候产生重要影响（陈烈庭和阎志新，1979；韦志刚和罗四维，1993；王澄海等，2000；华维等，2008）。

　　研究已经证实，植被的增加能够通过降低表面的反照率，进而促进表面温度的增加（Liu *et al.*，2006；华维等，2008）。数值模拟试验研究表明北半球中纬度的森林砍伐能够通过生物地球物理反馈降低表面的气温(Bonan，1997；Betts，2001；Feddema *et al.* ，2005)。图 4.3 给出了青藏高原东南部 5 个最高和最低 5 月归一化植被指数(NDVI)

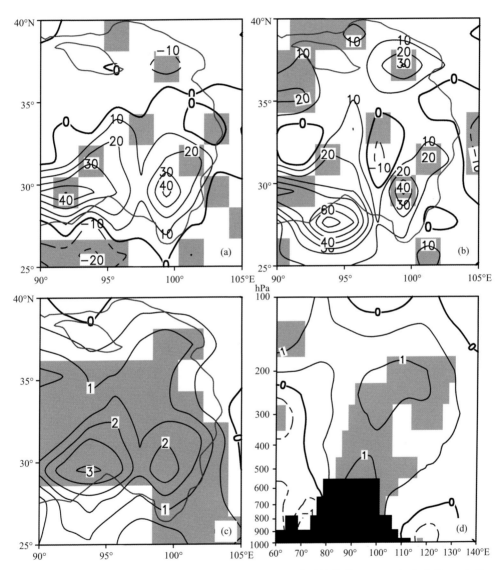

图 4.3 青藏高原东南部 5 个最高和 5 个最低 5 月归一化植被指数(NDVI)年合成的 6—7 月表面潜热、感热(W/m²)和气温(℃)的差异:(a)潜热;(b)感热;(c) 表面气温;(d)沿 32.5°N 的大气温度的横切面。做合成分析前,NDVI 的线性趋势被去除。阴影表示通过 90％ 显著性检验(引自 Zhang *et al.* ，2011)

年合成的 6—7 月表面潜热、感热和气温的差异。青藏高原东南部前期植被的增加,通过降低表面反照率增加地表吸收的太阳辐射,进而引起 6—7 月表面感热和潜热的增加。增加的表面热交换进而引起青藏高原东南部表面气温的增加,平均增加幅度达到 1.8℃。沿 32.5°N 经度—高度剖面图表明,从表面到对流层的大气温度都呈现显著增加趋势,增温幅度在 0.5~2℃。在 200~400 hPa,显著的增温可以向东延伸到大约 130°E。青藏高原表层主要以感热加热为主,而高层则以潜热加热为主(吴国雄等,2005)。因此,植被引起的表层到对流层的增温也许主要反映了感热加热和潜热加热共同影响的结果。

　　青藏高原热力作用在东亚和北半球夏季大气环流变化中扮演着重要作用。我们进一步检查了与青藏高原东南部植被的热力影响相关的东亚大气环流系统的变化。图 4.4 给出了青藏高原东南部 5 个最高和 5 个最低 5 月 NDVI 年合成的夏季水平风矢量的差异。青藏高原东南部前期的植被增加,伴随着南亚高压的加强,促进了高层的反气旋环流。在 850 hPa,对应于青藏高原东南部 NDVI 高的年份,在华南和西北太平洋出现一个反气旋性异常环流,同时西太平洋副热带高压西伸。在东亚的北部和邻近海域出现一个气旋性异常环流,共同导致了更多的水汽被输送到东亚副热带梅雨锋区。除此之外,气旋性异常环流引起了中国东北的东风异常和华北的北风异常。

　　在夏季,青藏高原是一个强大的热源,对低层大气的热力效应更强。图 4.5 给出了青藏高原东南部 5 个最高和 5 个最低 5 月 NDVI 年合成的夏季垂直运动的差异。在青藏高原东南部 5 月 NDVI 高的年份,夏季青藏高原东南部、东亚副热带梅雨锋区和中国北方的许多地区呈现出显著的异常上升运动,而西北太平洋地区则出现异常下沉运动。沿 30°N 垂直运动差异的经度—高度剖面图表明,青藏高原东南部前期植被增加能够促进夏季青藏高原东部的上升运动和西部的下沉运动。沿 95°E 垂直运动差异的纬度—高度剖面图表明,夏季南北两侧呈现异常下沉运动而中间呈现异常上升运动。

　　青藏高原东南部 5 个最高和 5 个最低 5 月 NDVI 年合成的 200 hPa

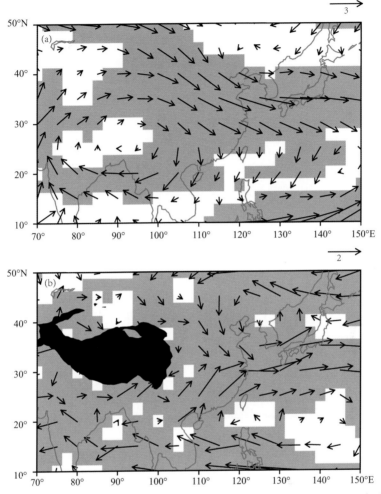

图 4.4　青藏高原东南部 5 个最高和 5 个最低 5 月归一化植被指数（NDVI）年合成的
夏季水平风矢量（m/s）的差异。（a）100 hPa；（b）850 hPa。做合成分析前，NDVI 的线
性趋势被去除。阴影表示通过 90% 显著性检验（引自 Zhang *et al.*，2011）

和 850 hPa 散度差异分析表明，青藏高原东南部前期植被增加，能够促
进夏季青藏高原东南部、东亚副热带梅雨锋区和中国北方的许多地区
的低层辐合和高层辐散。而在西北太平洋季风区，青藏高原东南部前
期植被的增加则可能带来相反的变化。

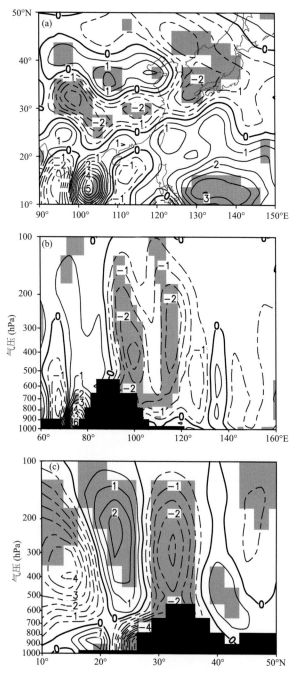

图 4.5 青藏高原东南部 5 个最高和 5 个最低 5 月归一化植被指数(NDVI)年合成的夏季垂直
运动(10^{-2} Pa/s)的差异:(a)500 hPa 的空间分布;(b)沿 30°N 的经度—高度剖面图;(c)沿 95°E
的纬度—高度剖面图。做合成分析前,NDVI 的线性趋势被去除。阴影表示通过 90% 显著性
检验(引自 Zhang et al.,2011)

4.2.3 青藏高原东南部前期植被变化在东亚夏季风预测中的作用

青藏高原东南部 5 月的归一化植被指数(NDVI)与东亚夏季风指数(EASMI)的相关系数高达 0.70。如此紧密的关系表明,青藏高原东南部前期植被变化是东亚夏季风预测的一个非常有用的因子。ENSO 是当前预测东亚夏季风的一个最重要的因子。我们基于 ENSO 和青藏高原东南部 5 月的 NDVI($NDVI_{MSTP}$),建立了东亚夏季风的统计模型。鉴于线性趋势对 $NDVI_{MSTP}$ 与 EASMI 之间的相关关系影响很小,我们用原始的 ENSO、$NDVI_{MSTP}$ 和 EASMI 时间序列来建立统计模型。

$$EASMI=-14.95+52.84(NDVI_{MSTP})-2.07(ENSOI)$$

式中 ENSOI 表示 4—5 月与 2—3 月 Niño3.4 指数的差。以前的研究已经表明,ENSO 在发展期和衰退期都能够影响东亚夏季风(Wang *et al.*,2009)。4—5 月与 2—3 月 Niño3.4 指数的差包含了 ENSO 发展期和衰退期的影响。偏相关表明,ENSO 对青藏高原东南部 5 月 NDVI 与 EASMI 相关系数影响不大。另外,4—5 月与 2—3 月 Niño3.4 指数的差比前冬或春季的 Niño3.4 指数具有与 EASMI 有更好的相关。观测和模型模拟的 EASMI 相关系数为 0.81,表明统计模型能相当好地模拟东亚夏季风。

为了检验统计模型的预测能力,我们对 1982—2006 年的 EASMI 进行了回报试验。预测技巧用观测和回报的 1982—2006 年 EASMI 之间的相关系数来评估。图 4.6 给出了 1982—2006 年观测和回报的 EASMI 时间序列图。如果单独应用 ENSO,观测与回报试验的相关系数的平方为 0.33,表明 ENSO 解释了东亚夏季风 33% 的方差。如果把青藏高原东南部 5 月的 NDVI 考虑进去,相关系数的平方变为 0.58。结果表明,考虑青藏高原前期植被变化明显提高了回报试验的预测技巧。我们的回报试验基于 ENSO 和青藏高原东南部前期的植被变化两个预测因子,值得一提的是,其他的因子例如印度洋的海表温度等也能够影响东亚夏季风(Xie *et al.*,2009)。考虑更多的预测因子将有利于进一步提高预测技巧。另外,前期植被变化在东亚夏季风季节进程中的作用值得进一步研究。

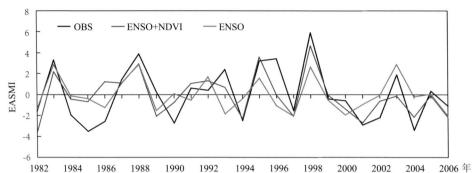

图 4.6　1982—2006 年观测和回报的东亚夏季风指数（EASMI）时间序列图。图中 OBS 表示观测的 EASMI，ENSO＋NDVI 表示利用 ENSO 和青藏高原 5 月归一化植被指数（NDVI）后报的 EASMI，ENSO 表示单独利用 ENSO 后报的 EASMI（引自 Zhang *et al.*，2011）

4.2.4　小结与展望

　　时空结构复杂的东亚夏季风的可预测性与预测一直是大气科学界面临的一个巨大挑战。以前的研究大多聚焦在海洋对东亚夏季风的影响。尤其是东亚夏季风被发现与 ENSO 有着密切的联系。与海洋相似，陆面也是气候系统中的一个慢变分量，但是它在东亚夏季风预测中的作用尚未引起足够的重视。本节介绍了我们在植被变化在东亚夏季风预测中的作用方面的研究（Zhang *et al.*，2011）。研究结果表明，青藏高原东南部前期植被变化与东亚夏季风密切相关，能够解释大约一半的方差。青藏高原东南部前期植被增加，可能引起青藏高原东南部、东亚副热带梅雨锋区和中国北方许多地区的夏季降水的增加和西北太平洋季风区夏季降水的减少。青藏高原东南部的植被增加，能够促进表面的热力影响，进一步加热大气，促进上升运动，增强低层辐合和高层辐散，进而影响东亚夏季风。

　　我们进一步应用青藏高原东南部前期植被变化与东亚夏季风的关系进行了东亚夏季风回报试验，建立了基于 ENSO 和青藏高原东南部 5 月 NDVI 状况的统计模型。针对 1982—2006 年的回报试验表明，ENSO 和青藏高原东南部 5 月的 NDVI 共同解释了东亚夏季风 58％的方差。而单独应用 ENSO，只能解释 33％的方差。这些结果表明，青藏高原东南部前期植被状况对预测东亚夏季风具有潜在的重要应用价值。鉴于 NDVI 易于提前观测，将来应考虑将植被因子应用到东亚夏季风的实际预测中。

4.3　植被对中国日最高和最低温度的不对称影响

4.3.1　植被对中国日最高和最低温度的反馈作用

植被能够在各种时间和空间尺度上影响气候。目前这方面的研究主要依赖于模式模拟。一些研究从观测统计上探讨植被对气候的反馈作用。结果表明,在中国的许多地区,植被对月平均表面气温有正的影响(张井勇等,2003;Liu *et al.*,2006)。然而,植被对日最高温度和日最低温度的反馈作用的认识尚比较缺乏。我们利用 1982—2002 年归一化植被指数(NDVI)资料和中国均一化历史气温数据集资料,计算了一个植被反馈系数,从统计上量化了植被对日最高、日最低温度和温度日较差的影响(Wu *et al.*,2011)。

在所有四个季节,植被对日最高温度都主要是起到正的反馈作用。同时,植被对日最高温度的影响随季节发生变化。在冬季,显著的正反馈主要呈现在中国北方气候与生态过渡带地区、青藏高原东部和华南;在春季,植被变化对中国东北的许多地区和中国南部的日最高温度有显著的正反馈作用;在夏季,显著的正的植被反馈主要出现在长江流域;在秋季,植被对日最高温度的反馈主要为正值,但是相比较于其他三个季节,通过 90% 显著水平的站点比较分散。对比正的植被反馈,显著的负反馈仅仅出现在夏季中国北方气候与生态过渡带地区和其他一些零散的小区域。

在所有季节,相比植被对日最高温度的反馈,对日最低温度的正反馈强度和范围都更小。尤其在夏季,植被对日最低温度主要为负的反馈,显著的正反馈仅仅呈现在长江流域下游地区和其他一些零散的区域。植被对日最高和最低温度的不对称影响导致了对温度日较差有着重要的反馈作用。植被对温度日较差影响的空间分布和强度在很大程度上与对日最高温度的反馈相似。但是,两者之间也存在着一些差别。例如,在春季中国西北的一些地区,植被对温度日较差的影响主要依赖于植被对日最低温度而不是对日最高温度的反馈。

在植被影响显著的地区,植被反馈作用对日最高、日最低温度和温度日较差反馈的强度普遍超过 1℃/0.1 NDVI,能够解释 10%~30%的方差。在其余地区,解释的方差较低,普遍不足 10%。这里需要提及的是,其他陆面参数也能通过影响表面能量平衡、植被生长和其他一些过程来影响温度(Peng *et al.*,2010;Wu and Zhang,2013)。土壤湿度、雪盖等的影响很难从植被影响中分离出来。

4.3.2　植被对中国日最高和最低温度不对称影响的可能物理机制

从物理成因而言,植被对日最高和最低温度的不对称影响主要是由植被对昼夜能量平衡的不对称影响引起的。植被的增加会降低地表反照率,因而增加了白天吸收的太阳辐射。植被对白天最高温度的正反馈可能主要是通过影响地表反照率造成的。对日最高温度显著的负反馈也存在夏季中国北方气候与生态过渡带地区和其他一些零散的地区。植被的增加带来蒸散的加大,从而有利于降低白天的大气温度。蒸散的降温作用如果大于地表反照率的增温作用,将导致植被对日最高温度负反馈的出现。Zhou 等(2007)的模式模拟工作表明,干旱/半干旱区的植被覆盖的减少能够通过增加土壤热通量和降低放出的长波辐射增加夜晚的最低温度。中国北方存在大面积的干旱和半干旱地区,植被覆盖比较少。在这些地区,上述机制可能可以解释植被对日最低温度的负反馈。在一些湿润地区,也出现了对日最低温度的负反馈,这可能主要是由于蒸散的降温作用导致的。白天的温度对夜晚的温度有很大的影响。在植被对日最高温度和日最低温度影响都为正的地区,植被对日最低温度的影响可能与植被对最高温度的影响密切相关。除此之外,植被对日最高温度和日最低温度的不对称影响也可能由于一些间接的物理机制引起。

4.3.3　小结与展望

我们利用一个方差方法,计算了一个植被反馈系数,从观测统计上量化了植被对中国日最高、日最低温度和温度日较差的反馈作用(Wu *et al.*,2011)。在所有季节,植被对日最高和最低温度都有不对称的影响。植被对日最高温度的影响明显强于对日最低温度的影响,导致植被对温度日较差有重要影响,并在很大程度上依赖植被对日最高温度的影响。植被对日最高温度和温度日较差的影响主要呈现为正的反馈,许多地区通过了 90％ 的显著性检验。对比而言,对日最高温度和温度日较差的显著负反馈仅仅出现在夏季中国北方气候与生态过渡带地区和其他一些零散的区域。植被对日最低温度的影响明显小于对日最高温度和温度日较差的影响。植被对日最高、日最低温度和温度日较差的反馈有明显的季节变化。在植被反馈显著的地区,植被变化贡献了 10％～30％ 的方差,反馈强度普遍超过了 $1℃(0.1NDVI)^{-1}$。

我们的研究所使用的方法和数据存在一定的不确定性,将来需要利用模式模拟对结论进一步进行验证。由于植被对大气的记忆可以达数月或更长,因此,植被对温度有重要影响的区域,植被的变化能够帮助提高季节的温度预测。

4.4　动态植被在亚洲区域气候模拟中的作用

4.4.1　动态植被模型简介

早期的陆面过程模式通常预先设定植被的季节变化、地理分布等,也即不考虑植被对气候异常的响应。例如,更暖或更冷的气候并不引起植被的变化。1990 年代中后期以来,大气与植被双向耦合的重要性被逐渐认识到,动态植被模型被引入陆面过程模式(Bonan,2008)。在这些模型中,植被的生长和地理分布受到温度、降水、辐射等气候因子的影响。同时,植被叶面积、高度、根深等能够影响陆地—大气界面的物质、能量和动量交换,进而影响气候。我们利用韩国首尔国立大学区域气候模式(SNURCM)评价了动态植被在亚洲区域气候模拟中的作用(Zhang *et al.*,2009)。

4.4.2　SNURCM 区域气候模式与动态植被模型耦合

SNURCM 是基于中尺度模式 MM5(Grell *et al.*,1994)发展起来的一个区域气候模式(Lee *et al.*,2002;Lee *et al.*,2004)。为了模拟长期陆面过程,SNURCM 耦合了美国国家大气研究中心的陆面模式(NCAR LSM)(Bonan,1996)。

　　NCAR LSM 是一个一维的描述大气和陆面之间能量、动量、水和 CO_2 交换的模式。它解决了表面能量计算,考虑了不同植被类型间的生态差别,不同土壤类型间的水热差别,并且在一个模式网格中允许多种植被类型(最大可以为三种)共同存在。通过考虑 13 种植被类型的不同植物生理特征(叶面光学特征,气孔生理学,叶面维数)和结构特征(高度,粗糙度,根,叶和茎的面积),13 种植物类型和裸土组成了 28 种不同的陆地表面类型来更细致地考虑植被的影响。相对于每个网格,模式用相同的平均大气强迫,在每个时间步长(20 min)和每个独立的次网格都给出了表面交换,然后把格点平均的表面交换提供给大气。

　　在 NCAR LSM 中,LAI(叶面积指数)的变化直接影响表面反照率,进一步影响太阳辐射。LAI 通过影响有植被陆面的蒸散,进一步改变表面能量过程,因而影响云量、大气湿度和环流。云的反馈又通过影响穿过大气的太阳辐射来调节表面的能量平衡。

　　有植被覆盖部分,表面反照率依赖于植被结构、光学特性和 LAI。通常 LAI 的增加会降低表面反照率,通过增加植被冠层吸收和减小植被下裸土的反射来降低向上的太阳辐射。

　　LAI 引起的陆面蒸散的变化通过冠层气孔导度和叶面截留两个关键变量来影响陆地表面的交换过程。对于湿叶,叶面的截流是用 LAI 的直接方程来表示的,更大的 LAI 有利于增加植物截留水分的蒸发。

　　我们设计了三组试验来研究动态植被在亚洲区域气候模拟中的作用(Zhang et al., 2009)。一是控制试验(CTL),LAI 是根据植被类型给定的。其他两个是动态植被试验(ReDVM 和 SiDVM),ReDVM 是通过统计回归模型来描述 LAI 对气候的响应,SiDVM 则采用一个简化的植被动态模型。

　　在 ReDVM 试验中,主要考虑了 LAI 对温度的响应。在 SiDVM 试验中的动态植被模型是一个基于 Zeng 等(1999)的简化叶面积指数模式的模型。不同之处是,本试验采用 15 d 滑动平均温度和 10 d 滑动平均温度来分别预测森林和草地的逐日的 LAI。简化模型中的核心方程是由光合作用和植被凋零驱动的生物量方程:

$$\frac{\mathrm{d}L}{\mathrm{d}t} = \alpha\gamma(T)(1 - e^{-kL}) - \frac{L}{\tau}$$

这里 α 是碳的吸收系数:

$$\alpha = \frac{L_w}{\tau(1 - e^{-kL_w})}$$

这里 $L_w = 8$ 是基于观测的光学叶面积指数。L 是植物叶面积指数,k 是与光合作用有关的一个系数,这里取 0.75。τ 是叶子生长的时间尺度。$\gamma(T)$ 是依赖于表面温度的一个线性方程。

区域气候模式模拟区域为 151×111,水平分辨率为 $60\ \mathrm{km}$,包括了几乎整个亚洲和邻近的海洋。NCEP/NCAR 再分析资料(Kistler *et al.*,2001)和观测的海表温度数据(Smith and Roynolds,1998)被作为初始和边界场来驱动区域气候模式。模式积分时间从 1998 年 1 月 1 日到 1998 年 12 月 31 日。

4.4.3　动态植被对降水和温度的影响

在动态植被试验中,LAI 是用温度预测得到的。普遍来看,与动态植被模型模拟的 LAI 相比较,控制实验低估了冬季和早春(1—3 月)的 LAI,而高估了夏季(6—8 月)的 LAI。在冷月,中国东部和南亚的 LAI 被明显低估(>0.8)。

控制试验模拟的冬季和早春的温度在中国的许多地区、蒙古、朝鲜半岛和日本都要比观测的要低 $3 \sim 7\,^\circ\!\mathrm{C}$,在南亚和中国西北及邻近地区要偏暖 $1 \sim 5\,^\circ\!\mathrm{C}$。控制试验模拟的夏季温度要比冬季和早春好,与观测相比偏差在 $\pm 2\,^\circ\!\mathrm{C}$ 之间。动态植被能够减少或者清除控制试验模拟的偏差。特别的,动态植被降低了中国东北及邻近地区、中国南方、朝鲜半岛和日本冬季和早春的冷偏差,清除了南亚的冬季和早春的暖偏差。由于夏季 LAI 本身比较大,所以相对而言百分比变化不明显,在夏季温度变化中,LAI 的变化相对作用较小。

表 4.1 给出了区域平均的观测和模拟试验的冬季和早春的温度和降水。平均而言,亚洲陆地动态植被试验模拟了更绿的陆地表面,进而获得了比控制试验大约 $0.3\,^\circ\!\mathrm{C}$ 更暖的温度。具体地区而言,动态植被试验引起中国东北及邻近地区的温度变暖 $1.7 \sim 1.9\,^\circ\!\mathrm{C}$,中国南方的温度变暖大约 $0.8\,^\circ\!\mathrm{C}$,引起南亚的温度变冷大约 $1.5\,^\circ\!\mathrm{C}$。这些变化全都降低了控制试验模拟的偏差。模拟的南亚降水从控制试验的 $0.58\ \mathrm{mm/d}$ 增加到动态植被试验的大约 $0.7\ \mathrm{mm/d}$,更接近观测。同时,中国南方的降水偏差也得到了一定程度的改进。

表 4.1 区域平均的亚洲陆地(63°—147°E, 15°—60°N)、中国东北及邻近地区(110°—130°E, 40°—55°N)、中国南方(105°—120°E, 22°—28°N)和南亚(78°—102°E, 20°—25°N)观测和模拟试验的冬季和早春(1—3 月)的温度(℃) 和降水(mm/d)(引自 Zhang *et al*., 2009)

区域	变量	观测	CTL	ReDVM	SiDVM
陆地	降水	0.58	1.09	1.08	1.08
	温度	−2.04	−3.70	−3.39	−3.43
中国东北	降水	0.12	0.28	0.28	0.28
	温度	−11.30	−15.88	−13.98	−14.14
中国南方	降水	2.70	5.69	5.09	5.12
	温度	13.77	11.19	11.98	11.97
南亚	降水	0.93	0.58	0.69	0.72
	温度	20.50	22.07	20.58	20.44

4.4.4 动态植被对表面能量平衡过程的影响

表 4.2 给出了冬季和早春动态植被试验与控制试验的亚洲陆地平均的 LAI 与表面能量变量的差值。相比较控制试验,动态植被试验引起了 LAI 的较大增加。增加的 LAI 降低了表面反照率,引起向上的太阳辐射的减少,从而增加了陆地表面吸收的太阳辐射。另一方面,LAI 的增加引起增加的冠层气孔导度,进而引起冠层蒸腾的上升和总的潜热的上升。这些能量平衡的变化解释了动态植被试验模拟的亚洲陆地平均气温的增加,降低了模拟的冷偏差。

表 4.2 动态植被试验模拟的亚洲陆地(15°—60°N, 63°—147°E 平均的冬季和早春的 (1—3 月)LAI 与表面能量平衡变量(W/m²) 的变化(引自 Zhang *et al*., 2009)

变量	ReDVM—CTL		SiDVM—CTL	
	差值	%变化	差值	%变化
LAI	+0.45	69.2	+0.36	55.4
向下的太阳辐射↓	−1.05	−0.7	−1.01	−0.7
向上的太阳辐射↑	−4.70	−10.3	−4.53	−9.9
净的太阳辐射↓	+3.64	3.3	+3.52	3.2
向下的长波辐射↓	+1.29	0.6	+1.22	0.5
向上的长波辐射↑	+0.92	0.3	+0.62	0.2
净的长波辐射↑	−0.37	−0.5	−0.6	−0.8
净辐射↓	+4.01	11.0	+4.12	11.8
感热↑	−0.12	−0.6	−0.06	−0.3
潜热↑	+3.7	26.3	+3.79	27.0
冠层蒸腾↑	+3.5	137.8	+3.6	141.7
冠层蒸发↑	+0.48	53.3	+0.45	50
土壤蒸发↑	−0.29	−2.7	−0.27	−2.5
土壤热传导↓	+0.3	−10.4	+0.26	−9.0
融雪热↓	+0.14	8.9	+0.12	7.6

需要指出的是,不同地区动态植被引起温度和降水变化的机制并不相同。中国东北及邻近地区的植被覆盖主要是冷草地和森林,在冬季和早春 LAI 值比较小并存在部分雪盖。稀疏植被覆盖($LAI < 1$)的表面反照率对 LAI 的变化比较敏感,在雪存在的情况下,LAI 的变化能够直接影响雪覆盖的冠层部分。在这一地区,增加的 LAI（>60%）减少了向上的短波反射,从而引起超过 15 W/m^2 的向上的短波辐射的减少和净辐射的增加。同时,由于温度较低,LAI 的增加仅引起了潜热小的增加。增加的净辐射主要被分配给感热,从而降低了这一地区的冷偏差。

在冬季和早春的中国南方地区,云的降低导致向下的短波辐射增加,从而引起净辐射的增加。增加的净辐射引起感热的增加,使地表增暖,因而降低了冷偏差。虽然 LAI 的增加没有引起大的潜热变化,但是它的组成部分冠层蒸腾、冠层蒸发和地表蒸发发生了大的变化。冠层蒸腾和蒸发明显增加,地表蒸发明显减少。

在冬季和早春的南亚,LAI 的增加引起的表面能量平衡最明显的变化是冠层蒸腾的增加。结果,感热相应减少,引起了表面气温变冷。表面反照率和云的变化对表面能量平衡起到了有限的作用。但是,增加的云带来了更多的降水,帮助改进了降水的模拟偏差。

4.4.5　小结与展望

本节介绍了我们利用韩国首尔国立大学区域气候模式(SNURCM)模拟试验来评价动态植被在亚洲区域气候模拟中作用的工作(Zhang *et al.*, 2009)。普遍而言,耦合动态植被模型进入区域气候模式以后,模拟偏差得到了部分改进。尤其是在冬季和早春,动态植被能够促进中国东北及邻近地区、朝鲜半岛、日本和中国南方的增温,并降低南亚的表面温度。这些变化清除或改进了控制试验的模式模拟偏差。在冬季和早春,中国南方和南亚的降水模拟也得到了改进。

普遍来讲,动态植被过程主要通过修改表面能量和水分平衡过程来影响区域气候模拟。但是,不同区域冬季和早春的气候变化由不同的物理机制引起。在中国东北及邻近地区,增加的植被增加了表面的太阳短波辐射的吸收,进而促进了增温。在中国南方,表面增温和降水的降低主要是由于云量的减少导致的。在南亚,蒸腾的作用占主导地位。我们的结果表明动态植被过程在亚洲区域气候模拟中具有重要作用,植被对改进季节到年尺度上的温度和降水预测具有潜在价值。将来,应该加强动态植被过程描述的不断改进和完善,并将植被因子应用到季节气候预测中。

4.5　土地利用变化对中国地表变暖的影响

4.5.1　土地利用变化与地表变暖

最近几十年的地表变暖被认为是气候自然变化与人类活动共同造成的。人类活动不仅能够通过影响温室气体浓度和气溶胶颗粒物影响气候,而且可以通过改变陆地表面的状况直接或间接影响气候。人类活动引起的土地利用变化,例如城市化、农牧业、森林砍伐、荒漠化等,对气候的影响得到广泛关注。

目前,观测统计上定量描述土地利用尤其是城市化对气候的影响仍存在很大的困难。检测城市化影响的最直接方法是城乡对比法。该方法要求对城乡站点进行分类,通常利用人口数据和卫星遥感的夜间灯光图像等结合站点位置进行分类(Easterling *et al.*, 1997; Ren *et al.*, 2007; Li *et al.*, 2010; 王芳和葛全胜, 2012; 吴凯和杨修群, 2013)。分类标准等对研究结果具有一定的影响。

Kalnay 和 Cai(2003)提出了一种对比观测资料和 NCEP/NCAR 再分析资料的差异(observation minus reanalysis, OMR)的新方法来估计城市化及土地利用变化对地表气温的影响。该方法的提出主要是基于 NCEP/NCAR 再分析资料在同化过程中没有考虑土地利用影响的特点。

4.5.2　土地利用变化对中国东部表面变暖的贡献

我们利用 OMR 方法研究了中国 110°E 以东地区土地利用变化对表面变暖的影响(Zhang *et al.*, 2005)。中国的土地利用变化,例如城市化、农牧业、森林砍伐、荒漠化等主要发生在中国东部地区。另外,

NCEP/NCAR 再分析资料在西部有更大的误差。观测数据来自中国气象局 688 个站点的气温数据。剔除了数据有缺测的站点,采用了有完整观测的站点。采用相同时期 NCEP/NCAR 再分析资料。通过用"1990—1999 减去 1980—1989"来得到观测和再分析资料的年代际趋势,它们的差异代表土地利用变化的影响。中国 110°E 以东地区包括了 259 个站点。

中国东部的日平均、日最高和日最低温度普遍呈现增加的年代际趋势,平均的增加幅度分别为 0.66,0.65 和 0.69℃/(10 a)。对比而言,NCEP/NCAR 再分析资料的日平均、日最高和日最低温度的年代际趋势也普遍呈现出增加趋势,但是增加的幅度要比观测的小。观测与再分析资料温度年代际趋势的差代表着城市化与其他的土地利用变化的影响。

我们利用 OMR 方法估计的结果表明,城市化和其他的土地利用变化分别贡献了日平均温度和日最低温度 0.12℃/(10 a)和 0.20℃/(10 a)的增加。对日最高温度增加的贡献较小,为 0.03℃/(10 a)。由于土地利用变化对日最高温度和日最低温度的不同影响,引起了 0.04℃/(10 a)温度日较差的减少。城市化和其他的土地利用变化分别解释了观测的日平均温度增加的 18% 和日最低温度增加的 29%。土地利用变化对表面变暖的影响存在显著的区域特点。起到增温作用的地区包括中国东部大约 38°N 以北的区域和中国南方的大部分站点,而在黄河下游地区土地利用变化则引起了表面降温。1980—1999 年间,人类活动通过城市化、森林砍伐、草地垦殖、旱地荒漠化等方式导致了土地严重退化,这可能是造成 38°N 以北的区域土地利用变化引起增温的主要原因。而快速发展的城市化则可能是中国南方土地利用变化引起增温的主要原因(Zhou *et al.*, 2004)。Piao 等(2003)的研究表明 1982—1999 年间中国南方快速的城市化导致了长江和珠江三角洲的 NDVI 的迅速减少,灌溉和施肥增加了华北平原的植被覆盖率。由于灌溉和肥料的利用导致的黄河下游地区的植被覆盖的增长,则可能解释土地利用变化对这一地区的降温作用。

4.5.3　小结与展望

中国是全球人类活动与土地利用的热点地区。土地利用的形式多样,区域差异明显。中国东部的快速城市化,北方的森林砍伐、草地垦殖、旱地荒漠化等比较严重,而现代化技术等对农业造成了重要影响。我们利用 Kalnay 和 Cai(2003) 提出的 OMR 方法估计了中国东部土地利用变化对表面变暖的影响(Zhang et al.,2005)。结果表明,中国东部的土地利用变化能够解释观测的日平均温度增加的 18%(0.12℃/(10 a)),观测的日最低温度增加的 29%(0.20℃/(10 a)) 和小部分日最高温度的增加,并对温度日较差变化起到重要作用。

中国北方因城市化、农业耕种、牧业垦殖、森林砍伐等带来土地退化,也许能够解释中国北方土地利用变化的增温作用。中国南方经历了快速的城市化过程,可能解释中国南方的土地利用变化的增温作用。灌溉和施肥能够引起植被的增加,进而导致表面气温的下降。黄河流域下游地区的土地利用变化的降温作用可能与此密切相关。

最近的十年间,许多研究者已经使用 OMR 方法估计了土地利用变化对表面温度的影响(Zhou et al.,2004;Lim et al.,2005;Hu et al.,2010;Fall et al.,2010)。普遍来讲,这些研究表明,土地利用变化对中国区域表面气温的影响呈现出增温作用,与我们的研究结论一致(Zhou et al.,2004;杨续超等,2009)。由于所聚焦的区域与时间段以及使用的再分析资料的不同,增温的强度表现出不同。OMR 方法估计土地利用变化对气候的影响会受到非气候因素影响等,因而产生不确定性。将来,应该将城乡站点分析法、OMR 方法、模式模拟等共同进行分析,以期得到更可靠的研究结论。

参考文献

巢纪平,井宇,2012. 一个简单的绿洲和荒漠共存时距平气候形成的动力理论. 中国科学:地球科学,**42**:424-433.

陈海山,张叶,2013. 大规模城市化影响东亚冬季风的敏感性试验. 科学通报,**58**:1221-1227.

陈烈庭,阎志新. 1979. 青藏高原冬春积雪对大气环流和我国南方汛期降水的影响,中长期水文气象预报文集,第 1 期,长江流域规划办公室编. 北京:水利电力出版社:185-194.

华维,范广洲,周定文,等. 2008. 青藏高原植被变化与地表热源及中国降水关系的初步分析. 中国科学, **38**:732-740.

黄荣辉. 1985. 夏季青藏高原上空热源异常对北半球大气环流异常的作用. 气象学报,**43**:208-220.

马耀明,姚檀栋,胡泽勇,等. 2009. 青藏高原能量与水循环国际合作研究的进展与展望. 地球科学进展,**24**:1280-1284.

王澄海,董安详,王式功,等. 2000. 青藏高原积雪与西北春季降水的相关特征. 冰川冻土,
　　22:340-346.

王芳,葛全胜. 2012. 根据卫星观测的城市用地变化估算中国 1980—2009 年城市热岛效应.
　　科学通报,**57**(11):951-958.

韦志刚,罗四维. 1993. 中国西部积雪对我国汛期降水的影响. 高原气象,**12**:347-354.

吴国雄,刘屹岷,刘新,等. 2005. 青藏高原加热如何影响亚洲夏季的气候格局. 大气科学,
　　29(1):47-56.

吴国雄,毛江玉,段安民,等. 2004. 青藏高原影响亚洲夏季气候研究的最新进展. 气象学报,
　　62:528-540.

吴凯,杨修群. 2013. 中国东部城市化与地面非均匀增暖. 科学通报,**58**:642-652.

吴凌云,张井勇,董文杰. 2011. 中国植被覆盖对日最高最低气温的影响. 科学通报,**56**:274.

杨绩超,张镱锂,刘林山,等. 2009. 中国地表气温变化对土地利用/覆被类型的敏感性. 中
　　国科学(D 辑),**5**:638-646.

叶笃正,高由禧. 1979. 青藏高原气象学. 北京:科学出版社:279.

叶笃正,罗四维,朱抱真. 1957. 西藏高原及其附近的流场结构和对流层大气的热量平衡. 气
　　象学报,**28**:108-121.

张井勇,董文杰,叶笃正,等. 2003. 中国植被覆盖对夏季气候影响的新证据. 科学通报,**48**:
　　91-95.

Betts R A. 2001. Biogeophysical impacts of land use on present-day climate:Near-surface tem-
　　perature change and radiative forcing. *Atmospheric Science Letters*,**2**(1-4):39-51.

Bonan G B. 1996. A land surface model(LSM version 1. 0) for ecological,hydrological,and at-
　　mospheric studies:Technical descriptions and user guide,Tech. Note NCAR/TN-417+
　　STR,150pp. ,Natl. Cent. Atmos. Res. ,Boulder,CO.

Bonan G B. 1997. Effects of land use on the climate of the United States. *Climatic Change*,
　　37(3):449-486.

Bonan G B. 2008. *Ecological Climatology*,2nd ed. Cambridge:Cambridge Univ. Press,
　　550 pp.

Bonan G B,Levis S,Sitch S,*et al*. 2003. A dynamic global vegetation model for use with cli-
　　mate models:concepts and description of simulated vegetation dynamics. *Global Change
　　Biology*,**9**:1543-1566.

Charney J. 1975. Dynamics of deserts and drought in the Sahel. *Quarterly Journal of the Roy-
　　al Meteorological Society*,**101**:193-202.

Delire C,de Noblet-Ducoudré N,Sima A,*et al*. 2011. Vegetation dynamics enhancing long-
　　term climate variability confirmed by two models. *Journal of Climate*,**24**(9):2238-2257.

Dickinson R E,Kennedy P. 1992. Impacts on regional climate of Amazon deforestation. *Geo-
　　physical Research Letters*,**19**(19):1947-1950.

Easterling D R,Horton B,Jones P D,*et al*. 1997. Maximum and minimum temperature
　　trends for the globe. *Science*,**277**(5324):364-367.

Fall S,Niyogi D,Gluhovsky A,*et al*. 2010. Impacts of land use land cover on temperature
　　trends over the continental United States:Assessment using the North American Regional

Reanalysis. *International Journal of Climatology*, **30**(13):1980-1993.

Feddema J J, Oleson K W, Bonan G B, *et al*. 2005. The importance of land-cover changein simulating future climates. *Science*, **310**(5754):1674-1678.

Flohn H . 1957. Large-scale aspects of the summer monsoon in South and East Asia. *J. Meteor. Soc. Japan*, **75**:180-186.

Foley J A, Prentice I C, Ramankutty N, *et al*. 1996. An integrated biosphere model of land surface processes, terrestrial carbon balance, and vegetation dynamics. *Global Biogeochemical Cycles*, **10**:603-628.

Foley J A, DeFries R, Asner G P, *et al*. 2005. Global consequences of land use. *Science*, **309** (5734):570-574.

Fu C. 2003. Potential impacts of human-induced land cover change on East Asia monsoon. *Global and Planetary Change*, **37**: 219-229.

Gao X, Luo Y, Lin W, *et al*. 2003. Simulation of effects of land use change on climate in China by a regional climate model. *Advances in Atmospheric Sciences*, **20**: 583-592.

Grell G A, Dudhia J, Stauffer D R. 1994. A description of the fifth generation Penn State/NCAR mesoscale model(MM5). NCAR Tech Note NCAR/TN-3981STR,138 pp.

Hu Y, Dong W, He Y. 2010. Impact of land surface forcings on mean and extreme temperature in eastern China. *Journal of Geophysical Research: Atmospheres*, **115** (D19): D19117,doi:10. 1029/2009JDO13368.

Kalnay E, Cai M. 2003. Impact of urbanization and land-use change on climate. *Nature*, **423** (6939):528-531.

Kaufmann R K, Zhou L, Myneni R B, *et al*. 2003. The effect of vegetation on surface temperature: A statistical analysis of NDVI and climate data. *Geophysical Research Letters*, **30** (22):2147, doi:10. 1029/2003GL018251.

Kistler R, Collins W, Saha S, *et al*. 2001. The NCEP-NCAR 50-year reanalysis:Monthly means CD-ROM and documentation. *Bulletin of the American Meteorological Society*, **82** (2):247-267.

Lawrence P J, Feddema J J, Bonan G B, *et al*. 2012. Simulating the Biogeochemical and Biogeophysical Impacts of Transient Land Cover Change and Wood Harvest in the Community Climate System Model (CCSM4) from 1850 to 2100. *Journal of Climate*, **25** (9): 3071-3095.

Laval K, Picon L. 1986. Effect of a change of the surface albedo of the Sahel on climate. *Journal of the Atmospheric Sciences*, **43**(21):2418-2429.

Levis S, Foley J A, Pollard D. 2000. Large-scale vegetation feedbacks on a doubled CO_2 climate. *Journal of Climate*, **13**(7):1313-1325.

Lee D K, Kang H S, Min K H. 2002. The role of ocean roughness in regional climate modeling:1994 East Asian summer monsoon case. *J. Meteor. Soc. Japan*, **80**:171-189.

Lee D K, Cha D H, Kang H S. 2004. Regional climate simulation of the 1998 summer flood over East Asia. *J. Meteor. Soc. Japan*, **82**:1735-1753.

Li Q, Li W, Si P, *et al*. 2010. Assessment of surface air warming in northeast China, with emphasis on the impacts of urbanization. *Theoretical and Applied Climatology*，**99** (3-4)：469-478.

Lim Y K，Cai M，Kalnay E，*et al*. 2005. Observational evidence of sensitivity of surface climate changes to land types and urbanization. *Geophysical Research Letters*，**32**（22）：L22712，doi：10. 1029/2005GL024267.

Liu Z，Notaro M，Kutzbach J，*et al*. 2006. Assessing Global Vegetation-Climate Feedbacks from Observations. *Journal of Climate*，**19**(5)：787-814.

Luo H，Yanai M. 1984. The large-scale circulation and heat sources over the Tibetan Plateau and surrounding areas during the early summer of 1979. Part II：Heat and moisture budgets. *Monthly Weather Review*，**112**(5)：966-989.

Nemani R R，Keeling C D，Hashimoto H，*et al*. 2003. Climate-driven increases in global terrestrial net primary production from 1982 to 1999. *Science*，**300**：1560-1563.

Notaro M，Liu Z，Williams J W. 2006. Observed Vegetation-Climate Feedbacks in the United States. *Journal of Climate*，**19**(5)：763-786.

Otterman J. 1974. Baring high-albedo soils by overgrazing：A hypothesized desertification mechanism. *Science*，**186**：531-533.

Peng S，Piao S，Ciais P，*et al*. 2010. Change in winter snow depth and its impacts on vegetation in China. *Global Change Biology*，**16**(11)：3004-3013.

Piao S，Fang J，Zhou L，*et al*. 2003. Interannual variations of monthly and seasonal normalized difference vegetation index(NDVI) in China from 1982 to 1999. *Journal of Geophysical Research：Atmospheres*(1984—2012)，**108**(D14)：4401，doi：10. 1029/2002JD002848.

Pielke R A，Avissar R I，Raupach M，*et al*. 1998. Interactions between the atmosphere and terrestrial ecosystems：influence on weather and climate. *Global Change Biology*，**4**(5)：461-475.

Ren G Y，Chu Z Y，Chen Z H，*et al*. 2007. Implications of temporal change in urban heat island intensity observed at Beijing and Wuhan stations. *Geophysical Research Letters*，**34** (5)：L05711，doi：10. 1029/2006GL027927.

Smith T M，Reynolds R W. 1998. A High-Resolution Global Sea Surface Temperature Climatology for the 1961—1990 Base Period. *Journal of Climate*，**11**(12)：3320-3323.

Sud Y C，Molod A. 1988. A GCM simulation study of the influence of Saharan Evapotranspiration and surface- albedo anomalies on July circulation and rainfall. *Monthly Weather Review*，**116**：2388-2400.

Takata K，Saito K，Yasunari T. 2009. Changes in the Asian monsoon climate during 1700—1850 induced by preindustrial cultivation. *Proceedings of the National Academy of Sciences*，**106**(24)：9586-9589，doi：10. 1073/pnas. 0807346106.

Wang B，Fan Z. 1999. Choice of South Asian summer monsoon indices. *Bulletin of the American Meteorological Society*，**80**(4)：629-638.

Wang B，Wu Z，Li J，*et al*. 2008. How to measure the strength of the East Asian summer monsoon. *Journal of Climate*，**21**(17)：4449-4463.

Wang B，Liu J，Yang J，*et al*. 2009. Distinct Principal Modes of Early and Late Summer

Rainfall Anomalies in East Asia. *Journal of Climate*, **22**(13):3864-3875.

Wang G, Eltahir E A B, Foley J A, *et al*. 2004. Decadal variability of rainfall in the Sahel:results from the coupled GENESIS-IBIS atmosphere-biosphere model. *Climate Dynamics*, **22**(6-7):625-637.

Wu L, Zhang J. 2013. Asymmetric effects of soil moisture on mean daily maximum and minimum temperatures over eastern China. *Meteorology and Atmospheric Physics*, **122**(3-4): 199-213.

Wu L, Zhang J, Dong W. 2011. Vegetation effects on mean daily maximum and minimum surface air temperatures over China. *Chinese Science Bulletin*, **56**(9):900-905.

Xie S, Hu K, Hafner J, *et al*. 2009. Indian Ocean Capacitor Effect on Indo-Western Pacific Climate during the Summer following El Niño. *Journal of Climate*, **22**(3):730-747.

Xue Y. 1996. The impact of desertification in the Mongolian and the inner Mongolian grassland on the regional climate. *Journal of Climate*, **9**: 2173-2189.

Xue Y, Shukla J. 1993. The influence of land surface properties on Sahel climate. Part I:desertification. *Journal of Climate*, **6**: 2232-2245.

Yanai M, Li C. 1994. Mechanism of heating and the boundary layer over the Tibetan Plateau. *Monthly Weather Review*, **122**: 305-323.

Yang K, Guo X, He J, *et al*. 2011. On the climatology and trend of the atmospheric heat source over the Tibetan Plateau:An experiments-supported revisit. *Journal of Climate*, **24**(5):1525-1541.

Zeng N, Neelin J D, Lau K M, *et al*. 1999. Enhancement of interdecadal climate variability in the Sahel by vegetation interaction. *Science*, **286**(5444):1537-1540.

Zhang J, Cha D H, Lee D K. 2009. Investigating the role of MODIS leaf area index and vegetation climate interaction in regional climate simulations over Asia. *Terrestrial, Atmospheric & Oceanic Sciences*, **20**(2):377-393.

Zhang J, Dong W, Fu C, *et al*. 2003. The influence of vegetation cover on summer precipitation in China:a statistical analysis of NDVI and climate data. *Advances in Atmospheric Sciences*, **20**:1002-1006.

Zhang J, Dong W, Wu L, *et al*. 2005. Impact of land use changes on surface warming in China. *Advances in Atmospheric Sciences*, **22**(3):343-348.

Zhang J, Wu L, Huang G, *et al*. 2011. The role of May vegetation greenness on the southeastern Tibetan Plateau for East Asian summer monsoon prediction. *Journal of Geophysical Research*, **116**: D05106, doi:10.1029/2010JD015095.

Zhou L, Dickinson R E, Tian Y, *et al*. 2004. Evidence for a significant urbanization effect on climate in China. *Proceedings of the National Academy of Sciences of the United States of America*, **101**(26):9540-9544.

Zhou L, Dickinson R E, Tian Y, *et al*. 2007. Impact of vegetation removal and soil aridation on diurnal temperature range in a semiarid region:Application to the Sahel. *Proceedings of the National Academy of Sciences*, **104**(46):17937-17942.

第5章 绿洲效应对局地气候的影响

5.1 引言

在陆—气相互作用的研究当中,荒漠化和与此相伴生的绿洲对大气的影响和反馈作用是其中一个非常重要的方面。

5.1.1 沙漠

（1）沙漠和荒漠的概念

荒漠是指气候干旱、降水稀少多变、植被稀疏低矮、土地贫瘠的自然地带。沙漠则是指其中地表以砂为主,有大片风成沙与沙丘覆盖的区域。所以,沙漠只是荒漠的一种类型,是其中的一部分(吴正,2009)。

（2）沙漠的分布

由于对沙漠与荒漠的概念理解不同,目前中国沙漠的面积被统计为 80.89 万 km^2、171.4 万 km^2 等几种数据(钟德才,1998;朱俊凤等,1999)。赵哈林等(2007)认为我国的沙区包括广义的沙漠、戈壁及沙漠化土地发展地区,主要位于北方地区,基本上呈东西偏南的蜿蜒曲折带,东经 $73°40'\sim120°00'$,东西横贯 $46°20'$,长达 3970 km,总面积约 308.13 万 km^2,占国土面积的 32.1%。

（3）沙漠的气候特征

沙漠的主要气候特征有:冷热剧变、干旱少雨、日照强烈、风大沙多(吴正,2009;赵哈林,2012)。

沙漠地区气温的年较差较大,平均为 30～40℃,表现为冬季严寒,夏季酷热。另外,昼夜温差大,平均为 10～20℃,最大可达 40℃以上,夏季白天特别炎热,晚上气温很低。夏季沙漠地区地面温度高,可达 50～

60℃,甚至可达80℃以上;地面温度变幅大,年最大变幅可达120℃。

沙漠地区年降水稀少,一般只有20~400 mm,主要集中在夏季,降水持续时间短、强度小;年降水变率大,在极端干旱区可达35%~50%;蒸发量极大,年蒸发量平均为2000~3000 mm。沙漠空气湿度低,年平均为20%~30%。气候干燥,干燥度指数为4~16;气候干旱发生频率高,三年二旱、十年九旱现象极为普遍。

沙漠地区云量少,晴天多,日照充足,一年有30%~40%的时间受到太阳光的照射,太阳总辐射量通常要比同纬度非沙漠地区高很多。

沙尘天气多出现于沙漠地区,并影响其下游地区。沙漠地区风力较大,在风季风速通常可达5~6级,并且起沙频繁,在我国沙漠地区每年起沙可达300次以上。沙漠地区的风非常干燥,夏季多盛行干热风。

(4)沙漠化和荒漠化

早在1977年,朱震达提出了"沙漠化"的概念,并多次阐述了其定义为:在干旱、半干旱(包括部分半湿润)地区的脆弱生态条件下,由于人为过度的经济活动,破坏生态平衡,使原非沙漠的地区出现了以风沙为主要特征的类似砂质荒漠环境的退化(朱震达等,1989)。而吴正(2009)也提出了其定义:沙漠化从词意来说,就是沙漠环境的形成和发展,是指一种非沙漠地表景观向沙漠发展的过程,也即一种生态环境的退化过程。而在1994年,国际防止荒漠化公约政府间谈判委员会(INCD)给出的荒漠化定义为:荒漠化是指包括气候变异和人类活动在内的种种因素造成的干旱、半干旱和亚湿润干旱地区的土地退化(赵哈林,2012)。

目前,在地球表面的三分之一的土地都面临着荒漠化的危险。我国也是世界上受到荒漠化危害最严重的国家之一。荒漠化土地主要分布在包括内蒙古、宁夏、甘肃、新疆、青海、西藏、陕西、山西、河北、吉林、辽宁和黑龙江等部分地区。20世纪50年代以来我国荒漠化一直在加速扩展,截至2000年,已经达到了38.57万 km²,并以每年约3600 km²的速度在扩展(王涛等,2004)。荒漠化的发展造成可利用土地减少,生物和经济生产力衰退,生物多样性下降,使粮食减产,畜产品受损,生态环境恶化,并且危害人类的生存环境,交通运输,水利设施,工矿生产,农牧民生活,环境质量和社会经济的发展。在沙漠和沙漠化地区存在风沙和沙尘暴的危害,它不仅制约着该区社会经济发展和人民生活水平提高,甚至对我国其他地区也构成威胁,严重影响我国经济社会的可持续发展。

研究表明,造成荒漠化不断扩展的原因,主要有自然因素和人为因素。自然因素中主要是气候的暖干化。人为因素中包含了人口增长过快,对土地资源采取滥垦、滥牧、滥樵和滥用水资源等无序人类活动。由于植被和土壤遭人为破坏后,在干旱多风的气候作用下,地表土壤风蚀急剧增强,土地沙漠化以比同等自然状态下高出数倍、数十倍甚至百余倍的速度扩展,平均估计由人为因素影响而增加的风蚀量大致占整个风蚀量的 78.6%(刘玉璋等,1992)。同时,在气候干旱化、人为破坏和荒漠化之间还存在着复杂的正反馈关系。我国沙区目前正处于这种强烈的互馈过程之中,因此沙漠化的发展愈来愈严重。中国是世界上气候脆弱的国家之一。近几十年来中国气候灾害有增多的趋势,尤其是北方的干旱化一直在加剧并持续至今。土地退化被认为是造成北方干旱化的重要原因,因此,加强绿洲荒漠化与大气相互作用的研究,尤其是对气候反馈作用的研究有非常重要的意义。

(5)研究的重要性

要遏制当前荒漠化发展,人类就必须从消除气候干旱化、人为破坏以及整治荒漠化土地这三方面入手。对于要预测和消除年际、年代际甚至更长时间尺度沙漠化的气候因素是比较困难的,但适当控制和消除人为沙漠化因素和整治沙漠化土地则是可以办到的。若能将人为破坏降到最低限度,并对已有沙漠化土地积极整治,便能使沙漠化正过程减缓甚至停止,进而改善小气候,逐步形成有利于沙漠化逆过程发生、发展的反馈关系,以抵御和减少气候干旱化所带来的不利影响。

5.1.2　绿洲

(1)绿洲的概念

我国古代将绿洲称为"沙中水草堆或水草田",近代将其称为"绿洲"或"沃野"。绿洲在辞典中的定义为"荒漠中通过人工灌溉农牧业发展的地方"。近来许多学者(例如,沈玉凌,1994;韩德麟,1995;刘秀娟,1995;贾宝全,1996)等都从不同科学角度给绿洲做过定义。张强等(2002)总结了前人的定义认为,绿洲指在大尺度荒漠背景基质上,以小尺度范围,但具有相当规模的生物群落为基础,构成能够相对稳定维持的、具有明显小气候效应的异质生态景观。

(2)绿洲的分布

绿洲是与荒漠相伴生的一种景观类型,它随荒漠大致呈条带状,集中分布于地球的南北回归线上。从世界范围看,绿洲有大有小,小的只有一片棕榈树,大的则是方圆广达数百千米的沃野。然而,无论绿洲规模如何,在自然状态下,它一般处于干旱气候控制下的沙漠、戈壁的包围之中,都与荒漠背景处在一种竞争平衡状态(王涛和陈广庭,2008)。

(3)绿洲的特性

沙漠绿洲可视为干旱荒漠地带内一种独特而完整的生态地域单元,它是在沙漠戈壁环抱下的自然地理实体和人类改造自然的社会经济实体之集合,是一种特有的环境资源,是目前的精华地域,也是今后开发建设,人口生存和经济发展的基地以及今后改造利用沙漠的潜力与希望之所在。我国沙漠绿洲水土资源丰富,光照充足,从古到今都是干旱荒漠地区主要农产品生产基地;在沙漠绿洲内外还有大量的石油,天然气,煤炭,有色金属等。所有这些资源,为干旱荒漠地区的经济建设提供了可靠的物质基础,有着巨大的潜力。为此,保护、巩固和扩展沙漠绿洲,使沙漠绿洲协调、稳定、高效地持续发展,这对于干旱荒漠区振兴经济,巩固国防,加强民族团结具有特别的重要性和战略意义。

(4)绿洲的气候效应

绿洲存在于荒漠之中,并与之存在着相互作用,绿洲的水平尺度会影响大气运动(张强,1998,2001)。绿洲生态系统在对抗干旱气候环境强迫的过程中所表现出来的一系列独特的小气候特征,例如冷岛效应,湿岛效应,邻近绿洲荒漠大气逆湿,绿洲风屏作用,热力和动力效应,增雨效应,是地表短波辐射高接收区和长波有效辐射低值区,我们统称为"绿洲效应"。"绿洲效应"在绿洲系统自我维持过程中扮演着比较重要的角色,并且对其下游也产生一定的影响(张强等,2001,2002)。

绿洲的空间尺度,绿洲的植被分布结构和土壤性质,绿洲形状和走向以及大尺度的动力和热力背景等因素都能影响绿洲和其邻近荒漠小气候特征的表现力,从而对绿洲自我维持机制发挥产生作用(张强等,2002)。正因为如此,在我国西北地区,占面积不到 5% 的绿洲哺育着该地区 95% 以上的人口。

(5)绿洲的发展与演变

绿洲荒漠的发展和演变历来都是人们关心的问题,因为它们的演化与气候之间有着密切的关系(侯平等,1995;汪久文,1995;张宏和樊自立,1998)。自然因素决定了绿洲的存在与分布,但绿洲的发展受人类因素的制约(王涛和陈广庭,2008)。

人类的活动,尤其是在形成社会后大规模的人类活动,对绿洲的自然平衡以极大的干扰,造成了绿洲的增长、迁移和萎缩的发展格局,如干旱内陆河区灌溉绿洲面积不断扩大,而与此同时,沙漠化面积也在扩大,绿洲与沙漠交错带在缩小,极大地影响着绿洲稳定性,进而影响着人类赖以生存的绿洲环境,甚至导致绿洲系统崩溃。曾经发生过的许多绿洲消亡历史及我们正面临的一些绿洲退化的现实,向我们提出了绿洲稳定性研究的课题。

(6)研究的迫切性

如今,由于盲目的人类活动使绿洲面临着消亡和退化,研究表明,要恢复一个在 1～3 年退化的绿洲大约需要 15～20 年治理时间,因此,研究绿洲的消长原因就尤为重要。由于沙漠绿洲处于干旱荒漠地带内,本身固有的自然环境脆弱,加上土地与水资源的长期不合理利用,大量植被遭到破坏,风蚀沙化和土壤次生盐渍化严重,风沙危害着生产建设,必须进行治理(文子祥等,1996)。有关绿洲与绿洲化过程的研究,长期以来却未得到应有的重视,其理论体系尚未全面建立,因此,在当前加强有关绿洲与绿洲化过程的研究是重要而紧迫的。

5.1.3　本章内容介绍

本章介绍了我们针对我国北方的绿洲效应问题,用动力学方法,实测资料分析和数值模拟三种方法获得的一些有意义的研究成果(吴凌云,2005)。动力学方面,在 Pan 和 Chao(2001)绿洲演化模型的基础上加入大气运动,从而建立了包含大气过程简单的陆—气耦合模型,以此进一步研究绿洲演化问题;实测资料分析方面,利用黑河观测资料,分析了绿洲和沙漠的季节气候差别;数值模拟方面,使用中国科学院大气物理研究所东亚中心高分辨率区域气候模式 RIEMS 进行长期积分来研究绿洲不同比例,不同边界,不同植被等情况下所引起的绿洲效应的差别。

三种方法有着各自的优缺点:动力学分析比较简单易行,它可以抓住变化的主要特征,但简化与实际有差别,而且由于模型对物理量考虑的比较简单,大多为平均状态,对研究绿洲效应的区域差别有一定限制;数值模拟相对于动力学分析更接近于实际情况,但是模式的运行要花费很长的时间,试验设计方面也不如动力学的简单易行。另外,模拟结果对模式本身的模拟能力有很大的依赖性,对局地尺度特征的模拟,目前的区域模式还存在一些困难;观测资料的分析反映了真实的情况,比前两种方法更让人信服,可是资料的获取主要通过陆面观测计划,要得到多年的气候平均资料非常困难。

5.2   绿洲效应的动力学分析

5.2.1   引言

在 1975 年,Charney(1975)提出在一个地—气耦合系统中,通过反照率的正反馈作用,可造成沙漠的扩大化,从而使降水减少,温度升高,从此开创了地—气相互作用这一研究领域。之后,在这个领域开展了一些动力学研究工作。

在国际上,一些学者针对非洲进行了研究。例如,Zeng 和 Neelin(2000)研究了植被—气候之间的相互作用和内部气候变化可能对非洲植被分布的影响。结果显示,当模式被 SST(海面温度)强迫,来自于植被变化的正反馈倾向于增加荒漠和植被的空间梯度。如果年际SST 变化被包括在内,气候变化沿着梯度在湿润地区减少降水和植被,在干旱地区增加降水和植被,这样一来,使荒漠—植被的过渡变得更加光滑。当强烈的植被—气候反馈发生时,在模式参数体系的多平衡态会剧烈表现出来的这个效应就会存在。

在国内 1990 年代中期,曾庆存等(1994)建立了一个由草生物量和土壤湿度两个变量组成的简化的植被驱动气候模式(ESH—0)。研究结果显示,植被土壤存在相互作用,陆地系统存在多平衡态,在草原和沙漠中存在空间不连续性。曾晓东等(2004)在此基础上,把模式中的两个基本变量变为三个(ESH—1),提出半干旱地区在绿洲和荒漠的生态系统中多平衡态是共存的,从草地到荒漠的过渡的边界处经常会有突变发生。此后,曾庆存等(2005)将土壤—植被系统分为三层,从而将模式变为五变量的模式(ESH—2)。

当绿洲和荒漠连接并存时,绿洲和荒漠的温度,尤其是它们交界处的温度是非常重要的。研究证实,绿洲—荒漠交错带不是一个稳定的地带,是绿洲与荒漠互相转化最剧烈的地方,也是气象特征复杂的地区。已有的结果表明,绿洲—荒漠交界处的蒸发、地表热量平衡、辐射平衡、大气的逆温、大气边界层结构及陆面均有着其独特的特征(李彦和黄妙芬,1996;黄妙芬和周宏飞,1991;黄妙芬,1996;文军和王介民,1997;张强和赵鸣,1998a,1998b,1999)。理论分析表明,在局地能量平衡的模式中,以绿洲、沙漠共存系统中的蒸散率为判断标准,则在一定的气候环境和生态条件下,绿洲的面积可以向扩大的方向发展(贾宝全和闫顺,1995)。

Pan 和 Chao(2001)在能量平衡条件下建立了一个简单的绿洲演化模型。模型假设在已知大气温度的情况下,能够算出绿洲和沙漠的距平温度及整个系统的蒸发率。在此模型中,由于并未考虑大气运动,因而空气温度只能给定。事实上,局地空气温度可以通过与下垫面的热量交换而改变,亦即陆—气之间将构成一个相互作用的系统。绿洲和荒漠相互转化的程度不论在理论上还是实践上都是很重要的问题,Pan 和 Chao 的工作虽然试图研究这一问题,但在他们的模式中只考虑了系统中的能量平衡,没有把大气运动的主导作用考虑进去(吴凌云和巢纪平,2004;吴凌云,2005)。Wu 等(2003)在 Pan 和 Chao(2001)绿洲演化模型的基础上,将大气运动考虑进去,使它与绿洲形成一个耦合系统,在考虑了边界层大气运动和下垫面相互作用的简单模式中,初步分析了绿洲和荒漠的相互转化程度,进一步讨论了绿洲演化问题。下面介绍 Wu 等(2003)建立的简单的陆—气耦合模型。

5.2.2　Wu 等(2003)的简单的陆—气耦合模型

(1)下垫面的能量平衡

对于绿洲,水平能量平衡方程可写成:

$$(1-\alpha_l)Q_a - \varepsilon\,\sigma T_l^{\;4} = \frac{\rho_a c_p(T'_l - T')}{r_E} + \frac{\rho_a L_v[q^{sat}(T_l) - rq^{sat}(T)]}{(r_E + r_C)}$$

$$(5.1)$$

式中 $(1-\alpha_l)Q_a$ 表示太阳辐射, $\varepsilon\,\sigma T_l^4$ 为向上的长波辐射, $\dfrac{\rho_a c_p(T'_l - T')}{r_E}$,

$\dfrac{\rho_a L_v[q_{sat}(T_l) - rq_{sat}(T)]}{(r_E + r_C)}$ 分别表示为感热通量和潜热通量; Q_a 为太阳辐射, T_l , T 分别为植被温度和空气温度,有"′"者为其距平值; r_E , r_C 分别为空气动力学阻力系数和植物的气孔阻力系数; α_l 为植被的反照率。其他符号为常用或参见 Pan 和 Chao(2001)和吴凌云等(2004)。

Wu 等(2003)考虑到, $q^{sat}(T_l) = q(\overline{T}_l)^{sat} + \left(\dfrac{\partial q}{\partial T}\right)^{sat} T'_l$, $q^{sat}(T) = q^{sat}(\overline{T}) + \left(\dfrac{\partial q}{\partial T}\right)^{sat} T'$ 以及 $T^4 = \overline{T}^4 + 4\overline{T}^3 T'$ 后,得到

$$T'_l = \frac{C_l^{*(1)}}{A_l} + \frac{C_l^{*(2)}}{A_l} T' \qquad (5.2)$$

式中

$$A_l = \frac{\rho_a c_p}{r_E} + 4\varepsilon\sigma \overline{T}_l^{\;3} + \frac{\rho_a L_v}{(r_E + r_C)}\left(\frac{\partial q}{\partial T}\right)^{sat}$$

$$C_l^{*(1)} = (1-\alpha_l)Q_a - \varepsilon\sigma \overline{T}_l^{\;4} - \frac{\rho_a L_v[q^{sat}(\overline{T}_l) - rq^{sat}(\overline{T}_a)]}{(r_E + r_C)}$$

$$C_l^{*(2)} = \frac{\rho_a c_p}{r_E} - \frac{\rho_a L_v}{(r_E + r_C)}\left(\frac{\partial q}{\partial T}\right)^{sat}$$

另一方面,绿洲与其上的大气之间还存在热量交换。设在株冠高度接收到的太阳辐射将和长波辐射、感热和蒸发潜热相平衡,于是有

$$\rho_a c_p K_l \frac{\partial T'}{\partial z} = (1-\alpha_l)Q_a - \varepsilon\sigma \overline{T}_l^{\;4} - 4\varepsilon\sigma \overline{T}_l^{\;3} T'_l -$$

$$\frac{\rho_a L_v}{(r_E + r_C)}\left\{\left[q^{sat}(\overline{T}_l) + \left(\frac{\partial q}{\partial t}\right)^{sat} T'_l\right] - rq(\overline{T})^{sat} - r\left(\frac{\partial q}{\partial T}\right)^{sat} T'\right\}$$

$$(5.3)$$

把(5.2)式代入(5.3)式,得到下垫面为绿洲时大气运动的下边界条件,这样在一定程度上考虑了气候系统和下面的生态系统之间的相互作用。

$$- \rho_a c_p K_l \frac{\partial T'}{\partial z} + \left[4\varepsilon\sigma\overline{T}_l^{\ 3} \frac{C_l^{*(2)}}{A_l} + \rho_a L_v (r_E + r_C)^{-1} \left(\frac{\partial q}{\partial T}\right)^{sat} \frac{C_l^{*(2)}}{A_l} - \right.$$

$$\left. r\frac{\rho_a L_v}{r_E + r_C} \left(\frac{\partial q}{\partial T}\right)^{sat} \right] T'$$

$$= (1 - \alpha_l)Q_a - \varepsilon\sigma\overline{T}_l^{\ 4} + 4\varepsilon\sigma\overline{T}_l^{\ 3} \frac{C_l^{*(1)}}{A_l} +$$

$$\frac{\rho_a L_v \left[q^{sat}(\overline{T}_l) + \left(\frac{\partial q}{\partial T}\right)^{sat} \frac{C_l^{*(1)}}{A_l} - rq^{sat}(\overline{T}) \right]}{(r_E + r_C)} \tag{5.4}$$

对于以裸地为特征的沙漠,与绿洲不同者是潜热通量,如引进 Bowen 比 B_e,则为 $\dfrac{\rho_a c_p (T'_s - T'_a)}{r_E B_e}$,于是水平能量平衡方程为

$$(1 - \alpha_s)Q_a - \varepsilon\sigma T_s^{\ 4} = \frac{\rho_a c_p (T'_s - T'_a)}{r_E} + \frac{\rho_a c_p (T'_s - T'_a)}{r_E B_e} \tag{5.5}$$

最后类似地可得到

$$A_s T'_s = C_s \tag{5.6}$$

其中

$$A_s = \frac{\rho_a c_p}{r_E} + 4\varepsilon\sigma\overline{T}_s^3 + \rho_a c_p r_E^{-1} B_e^{-1}$$

$$C_s = (1 - \alpha_s)Q_a - \varepsilon\sigma\overline{T}_s^4 + \frac{(\rho_a c_p + \rho_a c_p B_e^{-1})}{r_E} T'$$

$$= C_s^{*(1)} + C_s^{*(2)} T'$$

或写成

$$T'_s = \frac{C_s^{*(1)}}{A_s} + \frac{C_s^{*(2)}}{A_s} T' \tag{5.7}$$

当 $z \approx 0$ 时,得到下垫面为荒漠时大气运动的下边界条件

$$\rho_a c_p K_s \frac{\partial T'}{\partial z} + \left(\frac{\rho_a c_p B_e^{-1}}{r_E} - 4\varepsilon\sigma\overline{T}_s^3 \frac{C_s^{*(2)}}{A_s} - \frac{\rho_a c_p B_e^{-1}}{r_E} \frac{C_s^{*(2)}}{A_s} \right) T'$$

$$= -(1 - \alpha_s)Q_a + \varepsilon\sigma\overline{T}_s^4 + 4\varepsilon\sigma\overline{T}_s^3 \frac{C_s^{*(1)}}{A_s} + \frac{\rho_a c_p B_e^{-1}}{r_E} \frac{C_s^{*(1)}}{A_s} \tag{5.8}$$

（2）大气运动方程

在(x,z)剖面上大气运动方程为

$$fu = K_v \frac{\partial^2 v}{\partial z^2} \qquad (5.9)$$

$$f \frac{\partial v}{\partial z} = \frac{g}{\bar{T}} \frac{\partial T'}{\partial x} \qquad (5.10)$$

$$\frac{\partial u}{\partial x} + \frac{\partial w}{\partial z} = 0 \qquad (5.11)$$

由(5.11)式给出

$$w = \frac{\partial \psi}{\partial x}, \quad u = -\frac{\partial \psi}{\partial z} \qquad (5.12)$$

将(5.12)式代入(5.9)式得到

$$f \frac{\partial \psi}{\partial z} = -K_v \frac{\partial^2 v}{\partial z^2} \qquad (5.13)$$

取条件

$$z \to \infty \qquad \psi \to 0 \qquad K_v \frac{\partial v}{\partial z} \to 0 \qquad (5.14)$$

由此有

$$f\psi = -K_v \frac{\partial v}{\partial z} \qquad (5.15)$$

得到

$$f^2 \psi = -K_v \frac{g}{\bar{T}} \frac{\partial T}{\partial x} \qquad (5.16)$$

$$u = K_v \frac{g}{f^2 \bar{T}} \frac{\partial^2 T'}{\partial x \partial z} \qquad (5.17)$$

$$w = -K_v \frac{g}{f^2 \bar{T}} \frac{\partial^2 T'}{\partial x^2} \qquad (5.18)$$

（3）辐射能传递方程

上面将大气运动的流场用距平温度 T' 表示,因此需要建立一个决定 T' 的控制方程。Wu 等(2003)应用 Kuo(1973)和巢纪平和陈英仪(1979)的辐射能传递方案建立了所需的方程。在辐射能传递、感热垂直输送和垂直运动相平衡下,有热量平衡方程,为

$$\left(N^2\,\frac{\overline{T}}{g}\right)w = K_T\,\frac{\partial^2 T}{\partial z^2} + \sum_j \alpha_j{}'\rho_c(A_j + B_j - 2E_j) + \alpha''\rho_c Q_a$$

$$(5.19)$$

式中 A_j、B_j 是某一波长向上和向下的长波辐射，E_j 是黑体辐射，α_j 和 α'' 分别是密度为 ρ_c 的介质对长波和短波辐射的吸收系数，N 是 Brunt-Väsälä 频率，K_T 是对热量的垂直交换系数。将（5.18）式代入（5.19）得到

$$\left(\frac{N}{f}\right)^2 K_v\,\frac{\partial^2 T}{\partial x^2} + K_T\,\frac{\partial^2 T}{\partial z^2} + \frac{8\sigma r^*\,\overline{T}^3}{\alpha'_s \rho_s}\,\frac{\partial^2 T}{\partial z^2} -$$
$$2(1-r^*)\alpha'_w\sigma\rho_c T^4 + \alpha''\rho_s Q_a + C_0 + C_1 z = 0 \qquad (5.20)$$

考虑到 $z \to \infty$ 时，物理量有限，因此 $C_1 = 0$，另外如令 $T = \overline{T} + T'$，$T^4 \approx \overline{T}^4 + 4\overline{T}^3 T'$，而 C_0 与平均量相平衡，于是对于距平量有方程

$$\left(\frac{N}{f}\right)^2 K_v\,\frac{\partial^2 T'}{\partial x^2} + \left(K_T + \frac{8\sigma r^*\,\overline{T}^3}{\alpha'_s \rho_s}\right)\frac{\partial^2 T'}{\partial z^2} -$$
$$8(1-r^*)\alpha'_w\sigma\rho_c \overline{T}^3 T' + \alpha''\rho_s Q'_a = 0 \qquad (5.21)$$

此为动力辐射耦合模式的基本方程，它的下边界条件即为（5.8）式，上边界条件为

$$z \to \infty \qquad T' \to 0 \qquad (5.22)$$

在这个模式中显然存在气候系统和生态系统（包括绿洲和裸地）的相互作用，亦即它们组成一个简单的耦合系统。

Wu 等（2003）进一步引进光学厚度

$$\xi = \frac{\alpha''}{\alpha_s \xi_0}\int_z^{\infty}\alpha'_s\rho_c\,\mathrm{d}z \qquad\qquad \xi_0 = \frac{\alpha''}{\alpha_s}\int\alpha'_s\rho_c\,\mathrm{d}z \qquad (5.23)$$

考虑到

$$\frac{\partial}{\partial z} = -\left(\frac{\alpha''\rho_c}{\xi_0}\right)\frac{\partial}{\partial \xi}, \qquad \frac{\partial^2}{\partial z^2} = -\left(\frac{\alpha''\rho_c}{\xi_0}\right)^2\frac{\partial^2}{\partial \xi^2} \qquad (5.24)$$

于是方程（5.24）为

$$M_1\,\frac{\partial^2 T'}{\partial x^2} + \frac{\partial^2 T'}{\partial \xi^2} - M_2 T' + M_3 e^{-\xi_0\xi} = 0 \qquad (5.25)$$

式中

$$M_1 = \left(\frac{N}{f}\right)^2 K_v/C^*,\ M_2 = 8(1-r^*)\alpha'_w\sigma\overline{T}^3/C^*,\ M_3 = \alpha''\rho_s Q_a^0/C^*$$

$$(5.26)$$

而

$$C^* = \left(K_T + \frac{8r^* \sigma \overline{T}^3}{\alpha'_s \rho_s} \right) \left(\frac{\alpha''_c \rho_c}{\xi_0} \right)^2 \tag{5.27}$$

在另一方面,(5.4),(5.8)式为

$$\xi = \xi_0 \qquad \frac{\partial T'}{\partial \xi} - N_{1,l,s} T' = - N_{2,l,s} + N_{3,l,s} \tag{5.28}$$

式中

当下垫面是沙漠时,

$$N_{1,s} = (- 4\varepsilon\sigma \overline{T}^3 + \rho_a C_p r_E^{-1} B_e^{-1}) \frac{C_s^{*(2)}}{A_s} + \rho_a C_p r_E^{-1} B_e / D_s^* \tag{5.29}$$

$$N_{2,s} = (4\varepsilon\sigma \overline{T}^3 + \rho_a C_p r_E B_e^{-1}) \frac{C_s^{*(2)}}{A_s} + \varepsilon \overline{T}^4 / D_s^* \tag{5.30}$$

$$N_{3,s} = (1 - \alpha_s) Q_a e^{-\xi_0} / D_s^* \tag{5.31}$$

当下垫面是绿洲时,

$$N_{1,l} = \left[- 4\varepsilon\sigma \overline{T}^3 + \rho_a L_v (r_E + r_C)^{-1} \left(\frac{\partial q}{\partial T} \right)^{sat} \frac{C_l^{*(2)}}{A_l} - r \frac{\rho_a L_v}{r_E + r_C} \left(\frac{\partial q}{\partial T} \right)^{sat} \right] \Big/ D_l^*$$
$$\tag{5.32}$$

$$N_{2,l} = \left\{ 4\varepsilon\sigma \overline{T}^3 - \rho_a L_v (r_E + r_C)^{-1} \left(\frac{\partial q}{\partial T} \right)^{sat} \frac{C_l^{*(1)}}{A_l} - \right.$$
$$\left. \frac{\rho_a L_v}{r_E + r_C} \left[\left(\frac{\partial q}{\partial T} \right)_{sat} - r q_{sat} (T) \right] \right\} / D_l^* \tag{5.33}$$

$$N_{3,l} = (1 - \alpha_l) Q_a e^{-\xi_0} / D_l^* \tag{5.34}$$

$$D_{l,s}^* = \left(\frac{\alpha''_c \rho_c}{\xi_0} \right) (\rho_a C_p k_{l,s}) \tag{5.35}$$

另一个边界条件为

$$\xi \to 0 \qquad T' \to 0 \qquad 或者 \qquad \frac{\partial T'}{\partial \xi} \to 0 \tag{5.36}$$

(4)温度垂直平均模式

在 Wu 等(2003)文中,定义了垂直平均量

$$T'^* = \frac{1}{\xi_0} \int_{\xi}^{0} T' d\xi \tag{5.37}$$

对方程(5.25)取垂直积分,考虑条件(5.36),给出

$$-M_1 \frac{\partial^2 T'^*}{\partial x^2} + M_2 T'^* = -\left(\frac{\partial T'}{\partial \xi}\right)_{\xi=\xi_0} - M_3 \frac{1}{\xi_0^2}(1-e^{-\xi_0^2})$$

$$(5.38)$$

应用条件(5.28),并设 $T'_{\xi=\xi_0} = aT'^*$,(5.38)式为

$$-M_1 \frac{\partial^2 T'^*}{\partial x^2} + (M_2 + aN_{1,l,s}/\xi_0)T'^*$$

$$(5.39)$$

$$= \frac{1}{\xi_0}(N_{2,l,s} - N_{3,l,s}) - M_3 \frac{1}{\xi_0^2}(1-e^{-\xi_0^2}) = F(x)$$

模型在计算中用到的参数值见 Wu 等(2003)。

(5)模式结果

表 5.1 是环境温度为 8℃时,植被覆盖分别占 20%、40%、60%、80%的绿洲最低距平温度、沙漠最高距平温度以及两者最大温差。当绿洲占 20%时,植被上空的距平温度为负值,最大负距平温度为 0.2℃;沙漠上空的距平温度为正值,最大正距平温度为 0.5℃,相差 0.7℃。也就是说绿洲的温度低于环境温度,沙漠的温度高于环境温度,在临近植被的沙漠上空出现了负的距平温度。当绿洲占 40%时,植被上空的距平温度全为负值,最大为 0.7℃,临近绿洲的 15%沙漠上空的距平温度为负值,远离绿洲的 45%的沙漠上空的距平温度为正值,最大为 0.2℃,最大距平差为 0.9℃。当植被覆盖占 60%时,只有远离绿洲的 15%沙漠上空为正值,最大距平差超过了 1℃。当植被覆盖占 80%时,绿洲和沙漠上空全部为负的距平温度,最大距平差为 1.2℃。

表 5.1　环境温度为 8℃时,植被覆盖分别占 20%、40%、60%、80%的绿洲最低距平温度、沙漠最高距平温度以及两者最大温差

植被覆盖面积(%)	绿洲最低距平温度(℃)	沙漠最高距平温度(℃)	沙漠和绿洲最大温差(℃)
20	-0.2	0.5	0.7
40	-0.7	0.2	0.9
60	-1.0	<0.1	>1.0
80	-1.2	0	1.2

表 5.2 是环境温度为 22℃时,植被覆盖分别占 20%、40%、60%、80%的绿洲最低距平温度、沙漠最高距平温度以及两者最大温差。当绿洲占 20%时,植被上空的距平温度为负值,最大负距平温度为

0.5℃,沙漠上空的距平温度为正值,最大正距平温度为 1.3℃,相差 1.8℃。也就是说绿洲的温度低于环境温度,沙漠的温度高于环境温度。但在临近绿洲的沙漠上空出现了负的距平温度。当绿洲占 40％ 时,绿洲上空的距平温度全为负值,最大为 1.5℃,临近绿洲的 10％沙漠上空的距平温度为负值,其余沙漠上空的距平温度为正值,最大为 0.7℃,最大距平差为 2.2℃。当植被覆盖占 60％时,沙漠上空负的距平温度非常小,最大距平差为 2.4℃。当绿洲占 80％时,绿洲和沙漠上空全部为负的距平温度,最大负距平温度为 2.7℃。

表 5.2   环境温度为 22℃时,植被覆盖分别占 20％、40％、60％、80％的绿洲最低距平温度、沙漠最高距平温度以及两者最大温差

植被覆盖面积(％)	绿洲最低距平温度(℃)	沙漠最高距平温度(℃)	沙漠和绿洲最大温差(℃)
20	−0.5	1.3	1.8
40	−1.5	0.7	2.2
60	−2.3	0.1	2.4
80	−2.7	0	2.7

我们假设 8℃代表春季的平均温度,22℃代表夏季的平均温度。这些结果建议,绿洲的存在可调节气温,使温度降低,体现了绿洲的冷岛效应,夏季尤为明显,有利于绿洲的维持和发展,并随着植被覆盖增加效应增大,在绿洲达到一定比例时,绿洲效应也影响了邻近沙漠的气候。

5.2.3   参数对绿洲—荒漠化效应的影响

(1)纬度的影响

不同纬度带的气候环境条件和植被条件均有差异,吴凌云和巢纪平(2004)对三个试验区进行了绿洲效应的试验。试验区的参数见表 5.3。

表 5.3   三个试验区的环境温度,纬度及相当于实际的气候区

试验区	环境温度(℃)	纬度(°N)	相当的气候区
1 区	5	50	寒温带
2 区	12	40	温带
3 区	20	30	亚热带

若以距平温度 0℃为绿洲和荒漠的分界,则绿洲有延伸和退缩的效应,而这种效应向哪个方向发展与初始绿洲的尺度有关。在绿洲占30%时,三个区的差别并不明显,当绿洲占 50%,3 区的绿洲效应明显大于其他两个区,而 2 区也大于 1 区。当绿洲占 70%,3 区完全演化为绿洲气候,并且负的距平温度达到了 2℃,比一区要低 1℃。这个结果意味着,在只考虑环境温度和纬度的情况下,绿洲的延伸效应,是随着纬度增加和环境温度减小而减弱,在其他条件相同时南方的绿洲效应大于北方,也就是说,荒漠化易出现在北方,这个结果与常识一致。

(2)尺度的影响

绿洲和荒漠共存区域的大小因地理环境条件而异,如盆地、河域等。吴凌云和巢纪平(2004)分析了这种尺度对绿洲延伸或退缩的效应。由于我国的大部分绿洲与荒漠共存的地带一般位于 40°N 左右,故可以表 5.3 中 2 区为敏感性的试验区。

区域尺度增大时,距平温度绝对值虽有所增大,但是绿洲效应却减弱了。也就是说当小区域中绿洲与荒漠共存时,更有利于绿洲的发展。这一结果是有启示性的,从人工调控的角度看,要在一个大的范围内种植植被以控制荒漠化需花费大的财力和人力,但在小范围实施这类调控是易行的,可取得积极的效果。

5.2.4　不同的绿洲和荒漠的配置对绿洲效应的影响

以上的结果基于设定左边是植被,右边是荒漠,但是实际上绿洲和荒漠的配置不一定完全是这样。吴凌云和巢纪平(2004)设计了四种配置方案,选定环境温度为 22℃,研究了配置的不同对绿洲效应的影响(表 5.4)。

结果显示,一般在绿洲上空相对环境温度来讲是负距平,而荒漠上空是正距平。为讨论绿洲范围的进退,我们将以距平零值的变化来定义绿洲尺度的变化,当然这只是一种参考标准,自然也可以采用其他的标准。

这里的模型为封闭式的,设两端的背景场相同,由于不考虑外部的影响,所以背景场如何无关紧要。

表 5.4　四种配置方案的绿洲效应

类型	配置方案	因子	20%	40%	60%	80%
方案 1	植被位于荒漠左侧	最高温度(℃)	1.32	0.71	0.15	0
		最低温度(℃)	−0.47	−1.56	−2.32	−2.74
		负距平温度千米数(km)	23	51	81	100
方案 2	植被位于荒漠中间	最高温度(℃)	0.31	0.01	0	0
		最低温度(℃)	−0.9	−2.00	−2.54	−2.8
		负距平温度千米数(km)	40	87	100	100
方案 3	植被位于荒漠两侧	最高温度(℃)	1.46	0.81	0	0
		最低温度(℃)	−0.03	−0.52	−1.22	−1.96
		负距平温度千米数(km)	14	47	100	100
方案 4	植被位于荒漠右侧	最高温度(℃)	1.33	0.71	0.15	0
		最低温度(℃)	−0.47	−1.56	−2.31	−2.74
		负距平温度千米数(km)	21	51	84	100

表 5.4 给出了四种配置方案的绿洲效应。试验假设绿洲和沙漠的尺度一共为 100 km。植被覆盖占 20 km 时，第一种配置沙漠上空的最高温度为 1.32℃，绿洲上空的最低温度为−0.47℃，负距平温度空间尺度为 23 km，绿洲的效应与绿洲尺度相当。第二种配置沙漠上空的最高温度为 0.31℃，绿洲上空的最低温度为−0.9℃，负距平温度为 40 km，绿洲效应已经比绿洲本身尺度多出 20 km。第三种配置沙漠上空的最高温度为 1.46℃，绿洲上空的最低温度为−0.03℃，负距平温度为 14 km，绿洲效应出现了退缩。第四种配置结果与第一种类似。对比四种结果我们看出，当植被覆盖占 20% 时，第二种配置的绿洲效应最明显，负的温度距平幅度最大，绿洲效应范围最广，而第三种绿洲效应最不明显，第二种要比第三种负距平温度低 0.87℃，范围大 26 km，正距平温度低 1.15℃。

植被覆盖占 40 km 时，第一种配置沙漠上空的最高温度为 0.71℃，绿洲上空的最低温度为−1.56℃，负距平温度的空间尺度为 51 km，绿洲的延伸效应为 11 km。第二种配置沙漠上空的最高温度为 0.01℃，绿洲上空的最低温度为−2℃，负距平温度为 87 km，绿洲效应延伸了 47 km。第三种配置沙漠上空的最高温度为 0.81℃，绿洲上空的最低温度为−0.52℃，负距平温度为 47 km，绿洲效应只延伸了 7 km。第四种配置结果与第一种基本相同。对比四种结果我们看出，当绿洲占 40% 时，第二种配置绿洲效应最明显，而第三种配置绿洲效应最不明显。第二种要比第三种最大负距平温度低 1.48℃,绿洲效应范围大 40 km,正距平温度低 0.8℃。

植被覆盖占 60% 时,第一种配置沙漠上空最高温度为 0.15℃,绿洲上空最低温度为 −2.32℃,负距平温度的空间尺度为 81 km,绿洲效应延伸了 21 km。第二种配置沙漠和绿洲上空全部是负距平温度,最低温度为 −2.54℃。第三种配置沙漠和绿洲上空最低温度为 −1.22℃,虽然全部是负距平温度,但是在中间有一个高值区,这是荒漠作用的结果。第四种配置结果与第一种相同。对比四种结果我们看出,当植被覆盖占 60% 时,第二种绿洲效应最明显,负的温度距平最大。

当植被覆盖占 80% 时,四种配置沙漠和绿洲上空全部是负的距平温度,第一种最低温度为 −2.74℃,第二种最低温度为 −2.8℃,第三种最低温度为 −1.96℃,第四种最低温度为 −2.74℃。对比四种结果我们看出,当绿洲占 80% 时第二种绿洲效应最明显,负的温度距平最大,而第三种绿洲效应最不明显。

由以上分析我们看出,无论植被覆盖占多少,第二种的绿洲效应都是最明显的,第一种和第四种的效果一样。但是第三种对于绿洲的比例变化产生的绿洲效应的反映是不一样的,当绿洲少于荒漠时绿洲效应小于荒漠效应;当绿洲占 60% 时绿洲效应的影响范围大于第一种,但是降温幅度却很小;当绿洲占 80% 时,绿洲效应又是四种配置中最差的。出现这种现象我们可以这样理解,第一种和第四种绿洲的延伸效应只是一侧的,而第二种的绿洲效应是两侧的,因此第二种的绿洲效应明显的大。而第三种把绿洲被分为两小块,这使得绿洲的效应减弱,相应地增加了荒漠的效应,因此它的绿洲效应是最差的。

5.2.5　小结和讨论

本节介绍了 Wu 等(2003)建立的简单的陆—气耦合模型。此模型在 Pan 和 Chao(2001)绿洲演化模型的基础上,当绿洲和荒漠共存时,考虑下垫面热量平衡条件下,进一步加入低层大气的动力过程对下垫面热量平衡的影响,在此基础上发展的一个简单的地—气耦合模式,并用建立的模型来进一步讨论绿洲演化问题。结果显示,无论在春季还是夏季,绿洲地区为降温区,沙漠为升温区,夏季比春季绿洲效应更加明显,随着绿洲比例的增大,绿洲地区的降温也增大。这个结果意味着,Wu 等(2003)建立的模型虽然是一个高度简化的地—气耦合模式,但它启示了绿洲和气候之间存在一种正反馈过程,绿洲不仅能起到调节温度的作用,使绿洲维持、发展,同时绿洲面积增大后,也能使邻近沙漠上空的气候向良性的方向变化。

吴凌云和巢纪平(2004)应用这个模式研究了模式中参数的变化对绿洲消长的影响,得到一些有意义的结果。绿洲与荒漠的不同配置影响着绿洲效应,当绿洲处在荒漠中间时绿洲效应最强,荒漠在绿洲中间时绿洲效应最弱。在没有考虑其他的环境条件所起的作用时,绿洲的延伸效应是随着纬度增加而减弱,也就是在其他条件相同时,南方的绿洲效应大于北方,或者也可以说,荒漠化易出现在北方。小区域中绿洲与荒漠共存时,更有利于绿洲的发展。

这些结果虽然是初步的,但对发展复杂的数值模式和观测的设计会有参考价值,对人工治理荒漠也会有启发,是值得进一步研究的交叉科学问题。在本节的试验中假设了绿洲比例的变化,证实在研究的区域内,绿洲的尺度越大效应越大,可是绿洲是可以无限地扩张吗?实际上我们要看当地的绿洲承载能力和条件,如水是否充足等,因此实际的绿化措施是很复杂的,要综合地考虑很多因素,本节只是某些因素的参考。Wu 等(2003)建立的简单的陆—气耦合模型,虽然能够模拟绿洲的一些效应,但是比较简单和理想化,水分交换及其他一些过程和时间量并没有考虑。例如植被的季节和年际变化等,植被的变化会影响气候,那么气候变化反过来也会影响植被,这是一个动态的过程。本节用这个模型仅分析了温度的变化,其他如降水,风速等量并没有分析。在以后的研究中我们希望考虑到这些不足,建立一个与实际更接近的动力学模型。

在这以后,国内的几个研究考虑了绿洲和沙漠共存的情况下,发展了在大气动力学、热力学和辐射过程并存的动力学模式,探讨了绿洲和沙漠格局对气候的影响。巢纪平和周德刚(2005)发展了一个大气边界层动力学和植被某些生态过程相互作用的简单模式,分析了植被反照率和气孔阻力对大气运动及植被温度的影响。刘飞和巢纪平(2009)用一个环流温度的三维控制方程,分析了全球陆面气温随植被分布的变化。巢纪平和李耀锟（2010）发展了一个热力学过程和边界层动力学过程相耦合的全球纬向平均的二维能量平衡模式，讨论了反照率对荒漠化的影响。最近，巢纪平和井宇（2012）发展了一个由辐射传输和大气边界层动力过程耦合的能量平衡模式，研究了绿洲和荒漠的尺度对区域气候态和气候态季节变化的影响。

5.3　绿洲效应的观测统计分析

最早在 1984 年对河西地区张掖绿洲进行的风、温、湿对比观测中，发现戈壁或沙漠中小片绿洲存在一种"绿洲冷岛效应"（苏从先等，1987a,b；苏从先和胡隐樵，1987）。对乌兰布和荒漠东北边缘人工绿洲内和荒漠对照区各小气候因子连续 12 年的同步观测发现，绿洲对各气象因子均有较明显的影响，特别是在降低风速，抑制蒸发，提高空气湿度等方面尤为突出（王君厚等，1998）。西北地区绿洲的气候及演化的观测结果显示，绿洲具有冷岛效应，湿岛效应，增雨效应，风屏效应。观测也发现绿洲具有延伸效应，主要表现在邻近的沙漠上的大气经常为逆湿分布和负水汽通量，这种影响使降水较少的临近绿洲的荒漠区可以支撑相对较大蒸发量的气候状态和生态类型（张强等，2002）。

5.3.1　前言

自从 1980 年代以来，为了验证和改进陆面模式，世界上开展了一系列的陆面水热过程的观测实验，例如 1987—1989 年美国的 FIFE 实验（Sellers *et al*. 1992），巴西亚马孙的 LBA（Large-scale Biosphere-Atmosphere）观测计划（Avissar *et al*.，2002）。在我国，是从 1990 年开始开展此类计划。

黑河地区地—气相互作用野外观测实验研究（HEIFE）是国际上最早在复杂地表干旱区开展的大型陆面过程的观测研究，实验持续了长达 8 年，收集了包括沙漠、戈壁和绿洲等不同下垫面的资料（Wang，*et al*.，1993；胡隐樵等，1993）。HEIFE 实验区选择在亚洲内陆腹地，介于青藏高原同其北部戈壁沙漠之间的黑河流域 70 km×90 km 的区域内（39°N，100°E），属于亚洲内陆干旱地区，隶属于中国甘肃张掖地区。HEIFE实验区内有三种典型的下垫面,绿洲、戈壁以及绿洲和戈壁沙漠间的过渡地带。

实验发现了沙漠—绿洲现象。戈壁实验站湍流通量直测系统观测到连续7天出现的近地层大气中白天水汽通量向下的奇特现象;梯度观测也发现近地层某些高度间逆湿的存在(王介民等,1990;胡隐樵等,1990;Wang and Mitsuta,1992),称为"沙漠效应"(Wang, et al., 1993)。这一事实在1991年FOP和IOP期间在距绿洲1~2 km的戈壁和沙漠两站多次得到验证。沙漠近地层中向下的水汽输送,主要由绿洲上的凉湿空气向邻近干热沙漠上的平流造成。桑建国等(1992)和阎宇平(1999)的研究表明:黑河实验区中尺度环流的平流作用,不仅能够将绿洲的水汽输送到沙漠上空,而且可以将沙漠上大气边界层的能量重新导入绿洲,从而维持绿洲—沙漠系统的物质和能量平衡。

与此明显对照,干热沙漠围绕的绿洲上则常常观测到"绿洲效应"(Wang and Mitsuta,1992)。其主要特征是,白天的感热通量很小而且下午常变为负值,大气处于逆位温的稳定层结。绿洲上的净辐射本来很大,由沙漠上空平流而来的热量又为绿洲增加了额外能源;按日总量估算,后者甚至可达到净辐射贡献的50%(Wang et al., 1993)。一方面,绿洲上白天的逆温和稳定层结,不仅对地表水分蒸发起抑制作用,而且有利于灌溉水资源的利用和保护。另一方面,绿洲上潮湿空气向邻近沙漠的平流并向下输送,尽管量值很小(王介民等,1990),也会是当地沙生植物繁衍并形成绿洲保护带的水分来源之一。"绿洲效应"和"沙漠效应"形成一种良性的正反馈,客观上有利于绿洲生态系统的维持。薛具奎和胡隐樵(2001)指出绿洲尺度和绿洲湿度是冷岛效应的两个重要控制因子,绿洲的存在与发展存在一个最小临界尺度。除太阳辐射加热的日变化影响外,由于地形和沙漠—绿洲间地表水热特性的显著不同,在黑河实验区还会形成特殊的局地和区域尺度的大气环流,加上更大尺度上风的平流输送,造成沙漠和绿洲上陆面过程密切相关,夏季尤为明显。

5.3.2　黑河实验站的介绍

为了获取实验区内不同下垫面水热平衡的有关各项要素,为陆面物理过程的研究提供野外观测资料,在实验区内设置气象和水文观测网,同时收集观测实验期间实验区内三个高空气象站和三个地面气象站以及四个水文站的常规气象和水文资料。观测网包括五个微气象基本站,五个自动天气站。五个微气象基本站分布在绿洲(张掖、临泽)、戈壁(化音)、沙漠以及沙漠与绿洲交界区(平川)的不同下垫面上,它们是野外观测的基本场所。五个自动天气站一个设在化音南的戈壁、一个设在临泽北与平川间沙丘上,另三个设在沙漠站周围,其中五个微气象站中的临泽、化音、平川和沙漠站的一个微气象观测点(沙漠站设两个微气象观测点)由中方负责。五个自动天气站以及张掖微气象站和沙漠站的另一个气象观测点由日方负责。沙漠站同时设置两个微气象观测点的目的是为了对比中日双方微气象观测仪器。表5.5列出了五个站的观测时间、地理位置和下垫面状况。

表 5.5　五个微气象基本站的观测时间、地理位置和下垫面状况

站名	观测时间	地理位置	下垫面状况
张掖站	1990 年 10 月 1 日—1992 年 8 月 14 日	100°22′10″E, 39°50′22″N	位于张掖市以南 9 km 小满乡的农田里。下垫面较开阔、平坦。夏季农作物是春小麦、玉米套种、冬季为裸露耕地
临泽站	1990 年 6 月 25 日—1990 年 12 月,1991 年 1 月—1991 年 12 月 15 日	100°9′34″E, 39°8′50″N	地处临泽县城南效的农田中,观测场东 20 m、南 70 m、西 160 m、北 90 m 左右处均是约 15 m 高的白杨树构成的护田林带。林带外围南、西、北三侧是成片的民房,东侧近处仍是农田。夏季农作物也是春小麦、玉米套种、冬季为裸露耕地
化音站	1990 年 6 月 25 日—1990 年 12 月,1991 年 1 月—1991 年 12 月 15 日	100°5′51″E, 39°22′55″N	设在临泽县城西南 10 km 的大片戈壁中,下垫面水平、均匀,观测场东南 30 km、东西 3 km、正北 2.5 km、西北 15 km 处都是绿洲。南 40 km、西南 10 km 及西 15 km 处是祁连山山脉
沙漠站	1990 年 6 月 25 日—1990 年 10 月,1991 年 6 月 19 日—1991 年 10 月,1990 年 9 月 26 日—1992 年 7 月 17 日	100°9′12″E, 39°22′50″N	建在巴丹吉林沙漠南缘的沙丘上,距绿洲约 3 km。下垫面是起伏的沙丘和沙沟
平川站	1990 年 6 月 25 日—1990 年 12 月,1991 年 1 月—1991 年 12 月 15 日	100°22′10″E, 39°50′22″N	设在绿洲和沙漠间的过渡地带。观测场西南、北面有护田林带,东南和南面是沙生灌木。下垫面是新垦农田和荒地。夏季农作物多数是西瓜,少数是春小麦、玉米套种,冬季为裸露沙地

本节采用日方观测的张掖站(绿洲站)和沙漠站 1991 年的全年资料。我们使用此资料的原因是,因为两站分别位于绿洲和沙漠,实验区距离最远(两地超过 60 km),所用的观测仪器和观测系统以及观测方法完全相同,有利于对比分析。使用全年的资料是为了研究沙漠和绿洲的季节变化。以往对黑河资料大多只做了日变化和短时间的分析。吴凌云(2005)对黑河资料进行了季节变化的分析,关注了绿洲和荒漠的季节气候差别,同时也用此资料和动力学分析、数值模拟的结果进行了比较分析。

5.3.3 黑河实验资料分析

为了给前面的动力学分析和后面的数值模拟提供观测上的对比资料,此节对黑河资料中的张掖站(绿洲)和沙漠站的季节变化进行了分析。在观测资料上除对动力学分析和数值模拟中所涉及的物理量进行分析以外,我们也分析了一些其他量。这是因为,我们想给出一个比较全面的观测上的对绿洲效应的认识。目前,由于一些条件的限制,我们在动力学和数值模拟的分析中还不能给出这些观测到的绿洲效应。

(1)温度

1)气温

沙漠和绿洲在距地面 1,2,4,8,20 m 高的月平均气温变化形式非常一致(图 5.1),即从 1 月份的零下温度逐渐升温直到 7 月达到最高温度,然后又逐渐下降。1 m 高的气温仅 11 月和 12 月绿洲的气温高于沙漠。在其他层,绿洲的气温在 1 月和 2 月比沙漠高,到了 3 月变化到比沙漠的气温低,在 4 月后气温差距逐渐增大,在 6 月达到最大,接着又逐渐减小,到了 11 月和 12 月绿洲的温度又高于沙漠。不同高度沙漠和绿洲的月平均气温差值不同,随着高度的增加两者差距逐渐减小,1 m 高的气温差值最大为 4.81℃,20 m 处最大为 2.44℃。表 5.6 给出了沙漠和绿洲距地面 1,2,4,8,20 m 高季节平均气温差。差值在冬季最小,春季和秋季非常接近,夏季最大。沙漠只有在冬季气温低于绿洲,其他季节都高于绿洲。在春、夏、秋三季,差值随高度增加而基本减小,但是冬季的情况则相反。

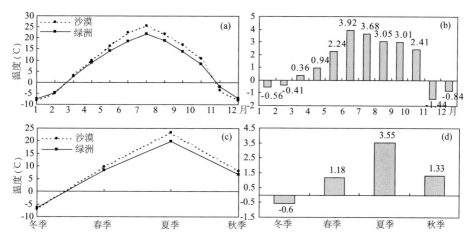

图 5.1 2 m 处气温(单位:℃)(引自吴凌云,2005)

(a)沙漠和绿洲(张掖)的月平均气温;(b)沙漠和绿洲(张掖)的月平均气温差;(c)沙漠和绿洲
(张掖)的季节平均气温;(d)沙漠和绿洲(张掖)的季节平均气温差

表 5.6 沙漠与绿洲季节平均的气温、地表温度和地中温度的差值(℃)(沙漠减去绿洲)

气温层高度	冬季	春季	夏季	秋季
1 m 气温	−0.06	1.84	4.28	2.08
2 m 气温	−0.6	1.18	3.55	1.33
4 m 气温	−0.53	1.18	3.31	1.37
8 m 气温	−1.1	0.76	2.6	0.83
20 m 气温	−1.08	0.84	2.18	0.56
地表温度	3.69	4.8	6.34	2.05
0.05 m 地中温度	−1.35	4.98	8.85	3.82
0.1 m 地中温度	−1.34	4.73	7.58	3.9
0.2 m 地中温度	−0.84	5.39	7.83	4.18
0.4 m 地中温度	0.04	5.31	6.51	4.25
0.8 m 地中温度	2.87	5.32	4.79	5.2

在动力学分析中发现,绿洲区春季最大降温可达 1.2℃,夏季为 2.8℃;观测分析表明,春季绿洲比沙漠的气温低 1.18℃,夏季为 3.55℃(2 m 处)。研究结果一致表明,绿洲能够产生"冷岛效应",并且夏季的效应要大于春季。除此之外,在动力学的研究结果中,绿洲不仅本身的温度低于沙漠,而且它也使邻近的沙漠温度低于远离绿洲沙漠上空的温度。偊抗和胡隐樵(1994)分析了远离绿洲的沙漠站和邻近绿洲的沙漠站,也得出一致的结论。

2)地表温度

绿洲和沙漠月平均地表温度的变化形式很相似(图 5.2),从 1 月的零下温度逐渐升高,沙漠到 7 月达到最大,而绿洲在 8 月达到最高温度,然后各自下降,11 月和 12 月又均为零下温度。全年仅 11 月绿洲的地表温度大于沙漠,其余月份均小于沙漠,绿洲全年地表温度比沙漠低 4.22℃,温差在 6 月达最大值为 8.71℃,在 12 月有最小值为 0.4℃。绿洲和沙漠的地表温度同气温一样都是在夏季最高,冬季最低。沙漠的地表温度四季都大于绿洲,差值在夏季最高达到 6.34℃,秋季最低为 2.05℃。由于绿洲与沙漠的植被分布和土壤性质有差异,二者地表温度必然不同。

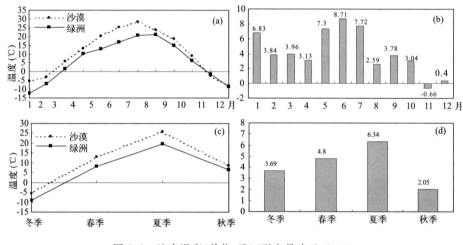

图 5.2 地表温度(单位:℃)(引自吴凌云,2005)
(a)沙漠和绿洲(张掖)的月平均地表温度;(b)沙漠和绿洲(张掖)的月平均地表温度差;
(c)沙漠和绿洲(张掖)的季节平均地表温度;(d)沙漠和绿洲(张掖)的季节平均地表温度差

3)地中温度

沙漠和绿洲的月平均和季节平均的地中温度变化大体一致,但也存在不同(图 5.3)。沙漠在 7 月的地中温度达最大,绿洲在 8 月达最高,两者都在夏季温度最高,冬季最低。从差值看 0.05,0.1,0.2 m 在冬季沙漠的地中温度低于绿洲,其他季节都高于绿洲,在夏季 0.05 m 两者地中温度差值达最大为 8.85℃,0.4 和 0.8 m 的地中温度沙漠全年都高于绿洲。

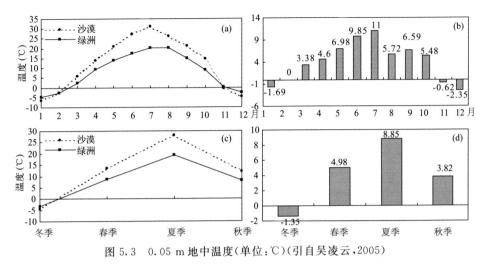

图 5.3 0.05 m 地中温度(单位:℃)(引自吴凌云,2005)

(a)沙漠和绿洲(张掖)的月平均地中温度;(b)沙漠和绿洲(张掖)的月平均地中温度差;

(c)沙漠和绿洲(张掖)的季节平均地中温度;(d)沙漠和绿洲(张掖)的季节平均地中温度差

(2)湿度和土壤水分

表 5.7 沙漠和绿洲季节平均的相对湿度差值(%)和土壤水分差值(%)(沙漠减去绿洲)

	冬季	春季	夏季	秋季
1 m 相对湿度	−3.2	−15.32	−31.14	−26.74
2 m 相对湿度	2.28	−8.45	−22.45	−20.16
4 m 相对湿度	0.67	−9.27	−20.99	−18.68
8 m 相对湿度	4.9	−4.03	−11.25	−7.29
0.1 m 土壤水分	−36.13	−54.61	−43.32	−17.33
0.8 m 土壤水分	−13.56	−11.93	−29.79	−33.46

1)相对湿度

相对湿度指空气中所含有的水汽量与同温度条件下所能到达的饱和水汽量的百分比。1、2、4、8 m 高度处沙漠和绿洲月平均相对湿度变化形式不尽相同,虽然它们都在 8 月达到最大值,但沙漠在 5 月达最小值,绿洲在 2 月达最小值(图 5.4)。沙漠地区相对湿度的变化范围在 20%~50%,而绿洲地区相对湿度的变化在 30%~70%。绿洲只有在冬季时月平均相对湿度小于沙漠,其他月份均大于沙漠。沙漠和绿洲月平均相对湿度差值在 1、2 月相差小于 6%,6、7、9 月相差比较大,在 1 m 高处可达 35% 左右。各高度层沙漠和绿洲季节平均相对湿度的变化差别很大,沙漠全年起伏不大,在春季最低,冬季最高,相差不到 10%;但绿洲相对湿度的季节变化很大,夏季的相对湿度明显高于其他季节,其次为秋季,冬季最小,最大季节相差接近 30%。绿洲的相对湿度只有在冬季 2、4、8 m 处略低于沙漠,其他季节均高于沙漠,而在夏季最明显,并且差值随高度增加逐渐减小,在 1 m 处差值为31.14%,在 8 m 处差值为 11.25%。

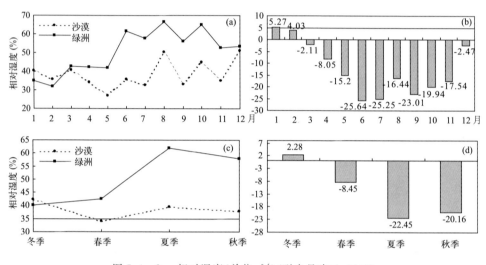

图 5.4　2 m 相对湿度(单位:%)(引自吴凌云,2005)
(a)沙漠和绿洲(张掖)的月平均相对湿度;(b)沙漠和绿洲(张掖)的月平均相对湿度差;
(c)沙漠和绿洲(张掖)的季节平均相对湿度;(d)沙漠和绿洲(张掖)的季节平均相对湿度差

2)土壤水分

全年 0.1、0.8 m 层月平均土壤水分和相对湿度变化相似,特点是绿洲月平均变化幅度很大,沙漠变化小(图 5.5)。0.1 m 层绿洲在 2 月土壤水分有最大值接近 100%,12 月为最小值不到 20%(后面单位相同,不再标出);而沙漠在 9、10 月出现最大值大约为 50,1、7 月出现最小值不到 5。0.8 m 层绿洲在 5—12 月都处在高值大于 50,沙漠在 7、8 月份值略高于其他月份。绿洲全年月平均的土壤水分几乎都大于沙漠,但是0.1 和 0.8 m 层的情况并不一样:0.1 m 层在 2 月相差最大,差值可达77.18,12 月相差最小,仅为 1.55;0.8 m 层 1—4 月相差都小于 5,而 5—12 月份相差都在 30 左右。沙漠和绿洲在冬季土壤水分最小,但是0.1 m 层绿洲在春季最大,沙漠在秋季最大;0.8 m 层绿洲和沙漠都在夏季最大。绿洲全年的土壤水分都大于沙漠,但是在 0.1 m 处,春季相差最大 54.61,秋季最小 17.33;0.8 m 层,冬季和春季都相差很小,小于 14,而在夏季和秋季相差很多大约为 30,0.8 m 处的差值基本低于 0.1 m 处。出现这种现象的原因是因为植被多土壤对降水吸收较多,土壤水分蒸发与空气湿度有关,空气湿度越小,蒸发越快,越多。沙漠上空晴热高温,近地层空气较为干燥,太阳辐射强度大,气温和土壤温度都显著增高,土壤水分蒸发量大,土壤失水严重。

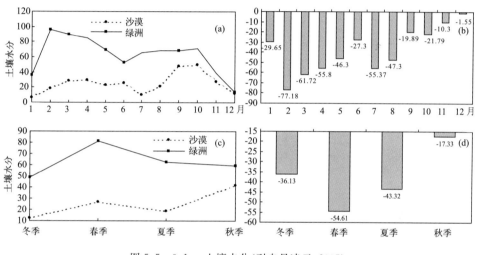

图 5.5　0.1 m 土壤水分(引自吴凌云,2005)
(a)沙漠和绿洲(张掖)的月平均土壤水分;(b)沙漠和绿洲(张掖)的月平均土壤水分差;
(c)沙漠和绿洲(张掖)的季节平均土壤水分;(d)沙漠和绿洲(张掖)的季节平均土壤水分差

（3）降水

　　沙漠和绿洲月降水变化形式大体一致,在 1 月、2 月、11 月、12 月几乎没有降水,绿洲在 6 月和 8 月的降水达到峰值,沙漠只在 6 月有最大值(图 5.6)。两者季节总降水变化也比较一致,沙漠和绿洲在冬季几乎没有降水,春季降水略大于秋季,夏季达到最大。绿洲四季的雨量都大于沙漠,全年总降水量比沙漠大 27.6 mm,两者在冬季差别不大,春季差值达到最大为 17.4 mm(为全年的 63.04%)。

　　（4）风

　　沙漠和绿洲月平均风速的变化形式存在不同,沙漠在 4—8 月的风速比较大,绿洲在 3、4 月份的风速较大(图 5.7)。风速相差最大在

6月份,在1 m和4 m高度处相差值为2.73 m/s,在1月和2月相差最小,少于1 m/s。从季节来看,沙漠在春季和夏季的风速都比较大,秋季和冬季比较接近。绿洲只在春季的风速较大,然后是冬季。从差值来看,沙漠的风速四季都大于绿洲,在夏季尤为明显,差值在1.64～2.38 m/s,冬季差别最小,差值在0.56～1.03 m/s(表5.8)。

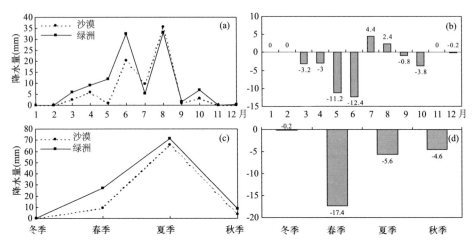

图5.6　降水量(单位:mm)(引自吴凌云,2005)

(a)沙漠和绿洲(张掖)的月降水量;(b)沙漠和绿洲(张掖)的月降水量差;
(c)沙漠和绿洲(张掖)的季节降水量;(d)沙漠和绿洲(张掖)的季节降水量差

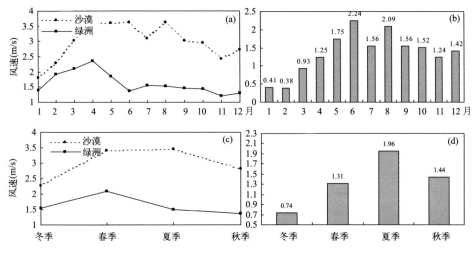

图5.7　2 m风速(单位:m/s)(引自吴凌云,2005)

(a)沙漠和绿洲(张掖)的月平均风速;(b)沙漠和绿洲(张掖)的月平均风速差;(c)沙漠和绿洲
(张掖)的季节平均风速;(d)沙漠和绿洲(张掖)的季节平均风速差

表 5.8 沙漠和绿洲季节平均的风速差值(m/s)(沙漠减去绿洲)

风层高度	冬季	春季	夏季	秋季
0.5 m 风速	1.03	1.42	2.29	1.57
1 m 风速	0.94	1.58	2.35	1.37
2 m 风速	0.74	1.31	1.96	1.44
4 m 风速	0.56	1.14	2.38	1.37
8 m 风速	0.67	1.36	1.64	1.41
20 m 风速	0.87	1.22	1.79	1.34

(5)辐射

表 5.9 沙漠和绿洲季节平均的辐射差值(W/m^2)(沙漠减去绿洲)

	冬季	春季	夏季	秋季
日辐射量	−0.2	8.3	13.7	3.15
向下长波辐射	−3.33	3.91	10.18	−0.99
向下紫外辐射	−1.21	3.7	7.16	2.82
向上长波辐射	−1.66	25.8	60.48	25.25
向上短波辐射	15.71	27.3	33.35	25.91
辐射收支量	−17.59	−41.46	−69.95	−49

1)日辐射量

沙漠和绿洲月平均日辐射量变化非常一致,从 1 月开始日辐射量逐月增加,都在 6 月达到最大,然后下降,在 12 月最小(图 5.8)。沙漠月平均日辐射量只有在 1 月小于绿洲,其他均大于绿洲,在 6 月差值最大达 21.14 W/m^2。沙漠和绿洲季节平均日辐射量变化也是非常一致,都在冬季最小,夏季最大。沙漠和绿洲季节平均日辐射量在冬季两者相差无几,其他季节沙漠都大于绿洲,在夏季相差最大为 13.7 W/m^2,春季次之。这是由于沙漠的反照率大于绿洲,大气中水汽和天空云量较少,所以日辐射量都大于绿洲。

2)向下长波辐射

沙漠和绿洲的月平均向下长波辐射变化很一致,都在 7 月达到最高,1 月最低(图 5.9)。在 1 月、3—9 月沙漠向下长波辐射高于绿洲,其余月份低于绿洲。沙漠和绿洲季节平均向下长波辐射变化趋势也非常一致,都在夏季达最高值,冬季达最低值。在冬季和秋季绿洲的向下长波辐射值高于沙漠,在春季和夏季低于沙漠,夏季尤其明显。

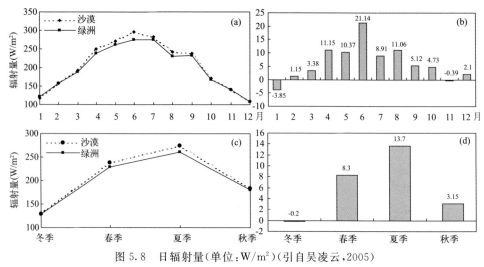

图 5.8　日辐射量(单位:W/m²)(引自吴凌云,2005)

(a)沙漠和绿洲(张掖)的月平均日辐射量;(b)沙漠和绿洲(张掖)的月平均日辐射量差;
(c)沙漠和绿洲(张掖)的季节平均日辐射量;(d)沙漠和绿洲(张掖)的季节平均日辐射量差

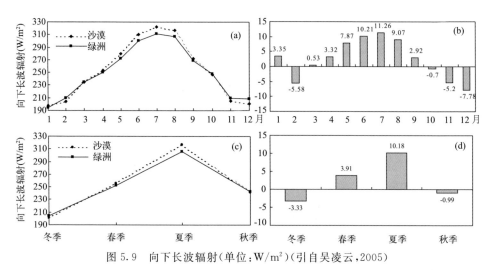

图 5.9　向下长波辐射(单位:W/m²)(引自吴凌云,2005)

(a)沙漠和绿洲(张掖)的月平均向下长波辐射;(b)沙漠和绿洲(张掖)的月平均向下
长波辐射差;(c)沙漠和绿洲(张掖)的季节平均向下长波辐射;(d)沙漠和绿洲(张掖)的
季节平均向下长波辐射差

3)向下紫外辐射

紫外辐射虽然在总辐射中占的比例只有 3% 左右,但是,紫外辐射
的增加对作物有重要影响,它是导致皮肤癌、白内障的主要原因,并能

破坏人类的免疫系统。沙漠月平均紫外辐射从 1 月开始增加,在 7 月达到最大,然后又下降,而绿洲在 6 月达到最小,其他月份值变化相对很小(图 5.10)。沙漠和绿洲月平均紫外辐射差值在 1 月为负最大,6 月为正最大,也就是说沙漠在 1 月和 2 月小于绿洲,其他月份都大于绿洲。绿洲四季平均紫外辐射值几乎相等,而沙漠变化很大,在冬季最小,夏季最大。只有冬季绿洲季节的平均紫外辐射大于沙漠,在其他季节均小于沙漠,尤其在夏季绿洲只有沙漠的 40%,这意味着绿洲相对于沙漠来说是紫外辐射的低值区。

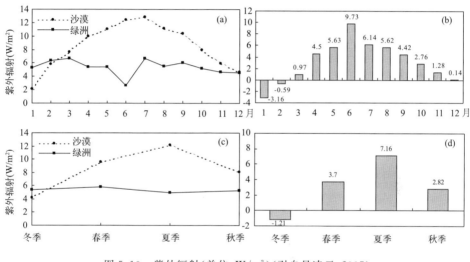

图 5.10 紫外辐射(单位:W/m²)(引自吴凌云,2005)

(a)沙漠和绿洲(张掖)的月平均紫外辐射;(b)沙漠和绿洲(张掖)的月平均紫外辐射差;
(c)沙漠和绿洲(张掖)的季节平均紫外辐射;(d)沙漠和绿洲(张掖)的季节平均紫外辐射差

4)向上长波辐射

沙漠月平均向上长波辐射在 7 月达到最大,绿洲则在 8 月达到最大。两者差值在 7 月达最大大约为 70 W/m²,在 1、11 月差值非常小,小于 1 W/m²(图 5.11)。沙漠和绿洲季节平均向上长波辐射都是在夏季最大,在冬季最小。差值在冬季相差很小为 1.66 W/m²,在夏季最大可达 60.48 W/m²。

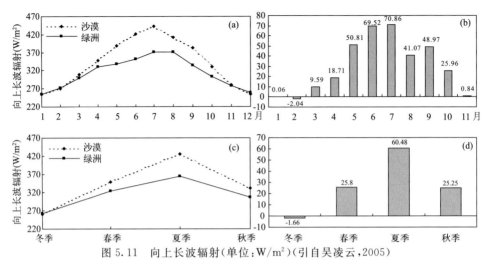

图 5.11　向上长波辐射(单位:W/m²)(引自吴凌云,2005)

(a)沙漠和绿洲(张掖)的月平均向上长波辐射;(b)沙漠和绿洲(张掖)的月平均向上
长波辐射差;(c)沙漠和绿洲(张掖)的季节平均向上长波辐射;(d)沙漠和绿洲(张掖)的
季节平均向上长波辐射差

5)向上短波辐射

绿洲和沙漠全年的月平均和季节平均的向上短波辐射变化形式相似,略有不同(图 5.12)。沙漠和绿洲在春夏两个季节的向上短波辐射大于冬秋季节,沙漠在夏季达最大,绿洲在春季达最大。绿洲四季向上短波辐射都小于沙漠,差值在夏季最大为 33.35 W/m²,冬季最小 15.71 W/m²。这是因为地面反射短波辐射与反照率有关,而沙漠的反照率大于绿洲,那么它反射的短波辐射相应大于绿洲。

6)辐射收支量

沙漠和绿洲月平均辐射收支量的变化比较一致,全年为正值,都在 6 月达到峰值,说明沙漠和绿洲都为热源(图 5.13)。沙漠和绿洲季节平均辐射收支量都在夏季达到最大,冬季最小,两者差值也是在夏季达到最大 69.95 W/m²,冬季最小 17.59 W/m²,并且沙漠全年都小于绿洲。这是因为受太阳总辐射控制,沙漠反照率大于绿洲,输送给大气的总能量小于绿洲,绿洲以潜热为主,沙漠以感热为主,所以出现了绿洲的冷岛效应。

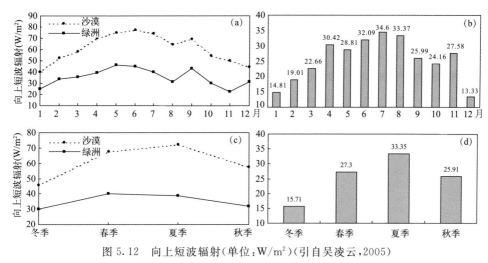

图 5.12　向上短波辐射(单位:W/m²)(引自吴凌云,2005)

(a)沙漠和绿洲(张掖)的月平均向上短波辐射;(b)沙漠和绿洲(张掖)的月平均向上
短波辐射差;(c)沙漠和绿洲(张掖)的季节平均向上短波辐射;(d)沙漠和绿洲(张掖)的
季节平均向上短波辐射差

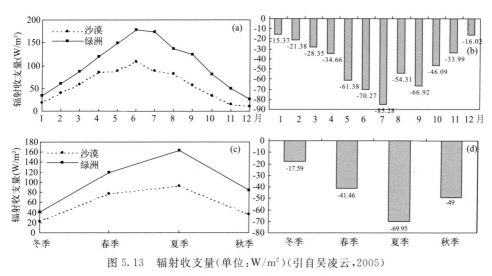

图 5.13　辐射收支量(单位:W/m²)(引自吴凌云,2005)

(a)沙漠和绿洲(张掖)的月平均辐射收支量;(b)沙漠和绿洲(张掖)的月平均辐射收支量差;
(c)沙漠和绿洲(张掖)的季节平均辐射收支量;(d)沙漠和绿洲(张掖)的季节平均辐射收支量差

(6)气压

　　沙漠和绿洲月平均气压变化形式比较一致,在 7 月有最小值,11 月
有最大值(图 5.14)。绿洲全年的月平均气压都低于沙漠,在 6、7、8 月相

差最少,小于 17 hPa,1、2、12 月相差最多,接近 19 hPa。沙漠和绿洲季节平均气压变化曲线几乎平行,都在夏季有最低值,冬季和秋季相差不多达到最高值。绿洲的季节平均气压全年都低于沙漠,在夏季相差最少为 16.92 hPa,冬季最多为 18.98 hPa。这是因为气压与温度,湿度有关。绿洲的湿度大于沙漠,因此造成绿洲的低压,低压上空有上升气流,水汽上升冷却,给绿洲带来降水。冬季绿洲温度高于沙漠,相对湿度高于沙漠,因此气压低的幅度大,而夏季的低温会削弱一部分相对湿度带来的低压。

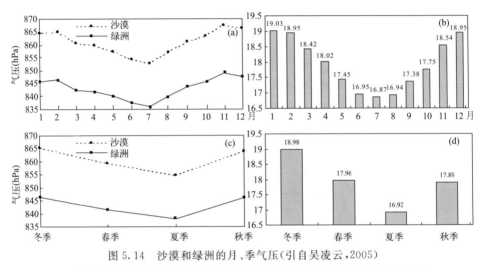

图 5.14   沙漠和绿洲的月、季气压(引自吴凌云,2005)
(a)沙漠和绿洲(张掖)的月平均气压;(b)沙漠和绿洲(张掖)的月平均气压差;
(c)沙漠和绿洲(张掖)的季节平均气压;(d)沙漠和绿洲(张掖)的季节平均气压差

5.3.4   小结

本节分析了黑河资料的绿洲效应。针对以往分析时间较短,研究了绿洲和沙漠的季节变化。这部分研究只是为前面的动力学分析和后面的数值模拟提供观测上的对比数据。通过分析,得到了下面的一些结果:

(1)绿洲存在"冷岛效应",表现为四季的气温、地表温度、地中温度几乎都低于沙漠,这种效应在夏季表现得最强。在夏季,在地上 1 m 处绿洲的气温比沙漠低 4.28℃,地表温度比沙漠低 6.34℃,

0.05 m 地中温度比沙漠低 8.85℃。

(2)绿洲存在"湿岛效应",相对湿度大于沙漠,夏季最强并随高度增加效应减弱,在 1 m 处最大相差 31.14%;绿洲全年的土壤水分大于沙漠,基本上随深度增加效应减弱,最大相差在春季 0.1 m 层为 54.61%。

(3)绿洲有着增雨效应,四季降水都大于沙漠。其中春季的差值最大,贡献了全年 63.04%;冬季几乎没有差别。

(4)绿洲存在着风屏作用,可以减小风速,在夏季尤为明显,比沙漠风速最大可小 2.38 m/s。

(5)绿洲的日射量、向下长波辐射、向上长波辐射、向上短波辐射、向下紫外辐射在春季和夏季都低于沙漠;辐射收支量绿洲全年都高于沙漠,在夏季最明显,差值为 69.95 W/m²。

(6)绿洲相对于沙漠是低压区,在冬季最明显相差 18.98 hPa,夏季相差最小。

5.4　绿洲效应对局地气候影响的数值模拟

植被变化可以导致反照率、粗糙度及土壤湿度等地表属性的变化,这些变化均可通过影响地气系统的水分和能量收支,进而影响区域气候(Zhang *et al.*,2009;Wu *et al.*,2011)。太阳辐射到达地面后一部分被反射,另一部分被地表吸收并将吸收的能量转换为感热、潜热和土壤热通量。不同的土壤类型、植被类型及植被覆盖度均会影响这一转换过程,进而影响近地层气温、土壤温度及湿润状况,最终导致气候变化。植被变化通过调整地表释放的有效通量,影响大气湿静力能分布,使大气层结及垂直运动发生相应改变,进一步影响大气中水汽输送情况,并与相应的垂直运动变化结合最终导致降水的变化(郑益群等,2002a,b)。另外,植被改变也会造成地表蒸散及土壤储水能力的变化,导致土壤含水量、地表径流等也发生明显的变化(刘晶森等,2002)。

5.4.1 引言

(1)沙化试验

植被退化会增加地面的反照率,导致大量太阳辐射被反射掉。在一定条件下,地表反射率的增加可以导致降水量的减少。另一方面,地面粗糙度降低,摩擦速度减小,对近地层大气的水平动能耗散减小,大气中水汽含量减小,导致降雨量减少。植被破坏使土壤保水能力下降和水分蒸发速率加快,使土壤变干,也会导致降水量的减少。裸露地表引起风蚀,大风把表土吹走,造成土壤矿物质和有机质的流失,使土壤肥力下降,抗旱能力降低,进一步加剧了土壤干旱的进程。因此,在植被严重破坏的地区,一方面大气干旱造成了土壤干旱,另一方面,土壤干旱又促使大气干旱持续,进一步加剧干旱(徐国昌,1986)。

近年来,由于气候变暖,加重了干旱的程度。气候变暖造成空气干燥,水汽稀少,土壤水分蒸发加快,植物蒸腾系数增高,致使旱情加重,土壤干层加深。由于连年干旱,沙尘暴的频率加快,间隔变短,强度增大,毫无疑问,干旱造成植被退化,土壤沙化,生态环境恶化,反过来沙尘大风天气又加快了地表水蒸发,加剧了干旱程度,造成了生态环境的进一步恶化(付明胜等,2002)。

大量的模拟研究工作在萨赫勒地区展开,包括只增加地面的反照率(Laval and Picon,1986),或者考虑反照率和土壤湿度共同作用(Sud and Molod,1988),或者改变植被类型(Xue and Shukla,1993,1996;Xue,1996,1997;Dirmeyer and Shukla,1996;Zheng and Eltahir,1997,1998;Clark et al.,2001),这些研究都证实萨赫勒地区的荒漠化会导致降水的显著减少和气温的增加,同时,研究结果也表明雨季的降水变化更明显一些。一些研究强调,植被—大气双向耦合在研究中的重要性(Zeng et al.,1999;Zeng and Neelin,2000;Wang and Eltahir,2000a,b,c),证实其可以增强降水变率的信号。

亚马孙流域森林砍伐以后,几乎所有模式模拟的结果都是:降水有明显的减少,而温度则是有明显的增加,可能由于反照率等的变化,蒸发也有明显的减小。这些变化与植被改变以后这一地区大气环流形势等的改变有密切的关系。1996 年以后,继续有很多对这一问题的研究(Costa and Foley,2000),也得出了类似的结论。Werth 和 Avissar(2002)还注意到,亚马孙流域森林砍伐影响可能可以在行星尺度上传播,并对其他地区的降水有统计意义的显著影响。

由于模式发展和资料的限制,我国在土地利用/覆盖变化对气候影响方面的研究与国外相比起步较晚,1990 年代以后科学家们用数值模拟的方法对土地利用/覆盖变化的气候效应进行了研究。对蒙古国和内蒙古地区草原沙化试验的研究证实,沙化可导致地表温度增加,降水和蒸发减少,地表净辐射和潜热输送减少,地面有效长波辐射增加,感热通量也增加,而且还会引起我国北方降水减少,温度升高,江淮地区降水增加,而华南降水和温度都降低(Xue,1996;魏和林,1997)。另外,由于北方草原沙漠化与南方森林退化的共同影响,可能导致江淮流域洪涝灾害增多及华北干旱的加剧,严重的植被退化导致降水和植被退化间的正反馈,使退化区不断向外扩展而使植被难以恢复(Fu,2003;郑益群等,2002a,b)。

(2)绿化试验

植被的存在有助于减少径流,增加保水能力,对于全球气候变化有减缓作用,因而植被的存在使气候变得更温和。大范围地表植被覆盖状况的变化可以对季风区域气候产生显著的反馈影响。

随着我国人口增长及社会、经济的发展,我国土地利用结构发生了显著的变化,如此大面积的植被变化必将对区域气候产生一定的影响(Gao et al., 2003;Zhang et al.,2005;张耀存和钱永甫,1995;周广胜和张新时,1996;陈星和于革,2002;戴新刚等,2012)。众多对西部地区和内蒙古地区的绿化模拟试验显示,绿化使平均降水量增加,雨带发生北移,纬向风速减弱,夏季风增强,冬季风减弱,夏季低空上升运动加强,冬季下沉运动减弱,降雨量显著增加,低层大气比湿、地表蒸发量、感热与潜热通量亦增加,地表温度降低,湿度增大,摩擦速度明显增大,可以有效地阻止沙尘暴的发生,对干旱地区环境治理大有好处(吕世华和陈玉春,1999;范广洲等,1998;施伟来和王汉杰,2003;郭建侠等,2003;姜大膀等,2003,高艳红和吕世华,2001a,b)。

大范围的恢复自然植被对东亚地区的气候的影响是明显的,它不仅可以改变近地面气候状况,而且可以改变大气环流的状况,根据当地的气候,水文和土壤等自然条件进行退耕还林(草),恢复自然植被有可能产生显著的气候和环境效应(Fu,2003;Zhang et al.,2011)。

(3)绿洲和荒漠的模拟

国内的许多学者对绿洲与荒漠相互作用下陆面特征、大气边界层特征、大气逆湿、绿洲诱发的中尺度运动等做了许多的数值模拟研究工作(张强,1998,2001;张强等,1998;张强和赵鸣,1998a,b,1999;苗曼倩和季劲钧,1993;阎宇平,1999)。主要结论有:1)沙漠中的绿洲对大气产生"冷湿效应",使之上空形成冷湿气柱;绿洲之间的沙漠对大气呈"暖干效应",使上空形成热干气柱,即,绿洲的大气温度比周围荒漠的低,比湿比周围荒漠的高。白天绿洲地表层温度远低于上、下游沙漠,在夜间绿洲表层温度则高于上、下游沙漠。2)在水平平流的作用下,在绿洲下游的沙漠边缘形成降水峰值,有利于降水,但沙漠区下游的绿洲则相对于整个绿洲区降水偏少,不利于降水。3)沙漠和绿洲表层土壤含水量都在 08:00—09:00 出现峰值,17:00 左右为谷值。沙漠表层土壤水分比绿洲的小许多倍,且绿洲的表层土壤水分有明显的逐日减小趋势。4)白天绿洲的摩擦速度稍大一些。不仅绿洲本身的风速比荒漠小,而且绿洲下游荒漠的风速也比其上游荒漠的小,绿洲消耗了大气中的部分平流动量。5)干旱的荒漠与湿润的绿洲相比是辐射能量亏损区。沙漠的近地层感热通量比绿洲大得多,而潜热通量则相反。6)绿洲和荒漠的中尺度热力环流运动是绿洲与其周围荒漠相互作用的最主要过程之一,它直接影响绿洲系统的维持和发展。影响绿洲和荒漠之间中尺度大气运动的有绿洲内部因子:绿洲水平尺度和绿洲与荒漠之间的热力差,以及外部环境因子:大尺度水平风速和大尺度地表感热通量。绿洲系统维持的最小临界尺度在几千米的量级。7)绿洲对其下游沙漠的影响范围大约与绿洲尺度同量级。绿洲对不同距离处的荒漠大气的影响程度是明显不同的。

但是,我国在相关方面的数值模拟研究还存在一定的不足,如模式中陆面过程方案还不够完善,模式分辨率不够精细,模拟时间也普遍较短,因为有关土地利用/覆盖变化导致区域气候效应的研究结论具有较大的不确定性,对其强迫机理的了解也不够全面,所以还需要进一步论证,以便能够正确估计人类活动对气候及生存环境的影响,并为制定环境保护对策提供一定的科学依据。

5.4.2　模式介绍

区域环境系统集成模式(RIEMS)是中国科学院大气物理研究所全球气候变化东亚中心从 1991 年开始建立和发展起来的,到 1998 年完成了 RIEMS1.0 版本,本节的工作都是在 1.0 版本支持下完成的。模式的一些参数请见表 5.10。

表 5.10　区域环境系统集成模式(RIEMS)参数

参数名称	内容
动力框架	中尺度模式 MM5 的动力框架
水平网格结构	"交错"网格结构(Arakawa and Lamb,1977)
垂直网格结构	σ 地形垂直坐标
边界条件	(1)侧边界条件包括固定边界条件、松弛边界条件、时变边界条件、张弛流入/流出边界条件、海绵边界条件 (2)上边界条件包括辐射边界条件(用于非静力方案)和刚壁上边界条件。
嵌套方案	单向嵌套
四维资料同化	向分析场的松弛逼近和向观测值的松弛逼近
时间积分方案	显示分解式时间积分方案
辐射方案	CCM3 辐射方案
对流参数化方案	Anthes(1977)的对流参数化方案
陆面过程参数化方案	BATS
模式的辅助程序	RIEMS 模式包括模式前置、主程序、模式后置。模式包括 TERRAIN 程序、DATAGRID 程序和 INTERP 程序

5.4.3　试验设计

从观测资料显示,我国沙漠化严重的地区为华北地区,所以我们把试验地点选在内蒙古和甘肃附近。本节针对现有的数值模拟研究积分时间不长所存在的一些不确定性,进行了多年积分的集成研究。

并对不同季节,不同植被覆盖面积,不同边界条件,不同植被类型所产生的效应进行分析,为此在本节我们设计了三类试验,称之为试验一,试验二,试验三,试验设计见表 5.11。

表 5.11   试验设计方案

试验名称	试验一	试验二	试验三
试验目的	局地尺度绿洲效应	区域尺度绿洲效应	不同植被类型的绿洲效应
试验区域	39.1°—40.9°N, 102.5°—107.5°E	40.5°—42.5°N, 96.5°—106.5°E	40.5°—42.5°N, 96.5°—106.5°E
试验中心	40°N,105°E	35°N,105°E	35°N,105°E
分辨率	10 km	60 km	60 km
格点	61×31	99×91	99×91
积分时间	1992,1994,1996,1997, 1998 年 2 月 1 日— 8 月 31 日	1992,1994,1996 年 2 月 1 日—8 月 31 日	1997 年 2 月 1 日—8 月 31 日
替换植被类型	短草地	短草地	短草地和针叶林
替换区面积	50%,70%	50%,70%	50%

5.4.4 试验结果分析

(1)模式模拟能力的验证

1)温度

观测数据显示,1992,1994,1996,1997,1998 年春季平均气温在试验一区呈现中间低周围高的空间分布,平均温度在 8~10℃之间变化(图 5.15)。RIEMS 很好地模拟了这个空间分布。模式偏差主要出现在西南地区,比观测数据偏低 2℃。观测的五年夏季平均气温空间分布形式与春季相似,在中部和东北部都有一个低值中心,整个区域的温度在 20~23℃之间变化。RIEMS 基本模拟出了这个温度分布特征,但是总体来说,夏季模拟的平均温度大于观测值,整个区域的温度在 22~24℃之间变化。

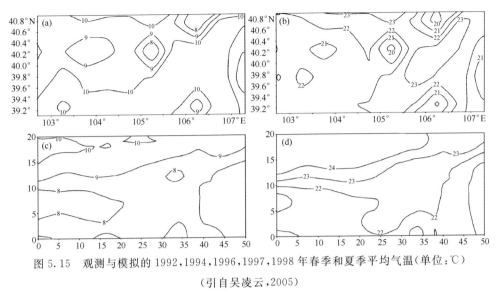

图 5.15　观测与模拟的 1992,1994,1996,1997,1998 年春季和夏季平均气温(单位:℃)

(引自吴凌云,2005)

(a)观测春季平均气温;(b)观测夏季平均气温;(c)RIEMS 模拟春季平均气温;

(d)RIEMS 模拟夏季平均气温

观测的 1992,1994,1996 年中国平均的春季气温分布是北方低,南方高,从东北地区的 0℃逐渐增加到南部的 20℃,在青藏高原上有两个低值中心低于 0℃。模式很好地模拟了全国春季平均温度分布,但是模拟的东北地区、青藏高原地区温度偏低,试验二区的温度也偏低。3 年夏季观测平均气温的分布类似于春季,也是从北方到南方温度逐渐升高,在我国的东南地区有个暖中心,最高温度为 28℃,在青藏高原地区有一个冷中心(最低温度为 8℃)和一个暖中心(最高温度为24℃)。模式模拟出了从北方向南方温度逐渐升高的这一特征,但是东北地区、东部地区模拟的温度偏高,试验二区的温度也偏高,然而对青藏高原的模拟却偏低。

观测的 1997 年 3—8 月的平均气温在东北地区比较低,大都为12℃,在东南地区温度比较高,最大值为 20℃。在我国的西北地区温度为 16~20℃,在青藏高原东北部,有个低值区为 4℃,在华中地区有个高值区为 20℃,试验三区内的温度为 12℃。模式对我国的东南部地区模拟得比较好,对其他地区气温模拟的均偏低 4℃左右,并且青藏高原的高值中心并没有模拟出来,对试验三区内的温度模拟也偏低大约4℃。

2)降水

在试验一区,观测的1992、1994、1996、1997、1998年5年春季平均降水形式为,由西北向东南降水量从0.1mm/d逐渐增加到0.3mm/d(图5.16)。RIEMS很好地模拟了这一分布特征,但是量值除西北地区外,其他地区都大于观测值。观测的5年平均夏季降水的分布形式类似于春季,但是降水量明显增加,从西北地区的0.8mm/d逐渐增加到1.6mm/d。RIEMS模式模拟出了夏季从试验区的西北部向东南逐渐增多的降水趋势,在东部他们的数值非常相似,只是在试验区的西北部模拟的降水值要偏小一些。总体上,模式对降水的模拟在试验一区春季偏高,夏季偏低。

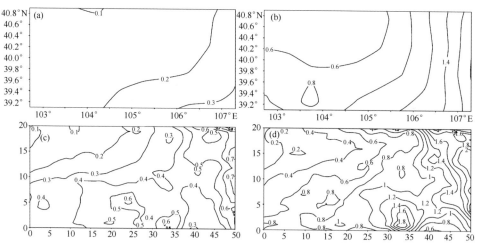

图5.16　观测与模拟的1992,1994,1996,1997,1998年春季和夏季平均降水(单位:mm/d)

(引自吴凌云,2005)

(a)观测春季平均降水;(b)观测夏季平均降水;(c)RIEMS模拟春季平均降水;

(d)RIEMS模拟夏季平均降水

观测的1992,1994,1996年集成平均的春季观测降水的空间分布是西部和北部地区少仅为0.1mm/d,东南地区多最大为5mm/d。模式很好地模拟了这个空间分布,但是对于东北地区和东南地区的降水模拟的数值明显偏高,观测显示东北地区降水为0.5mm/d,而模拟的为1mm/d,在东南地区有个高值中心为10mm/d,而观测并没有这个中心。对于试验二区，模拟的降水值和观测值一致，均为 0.1 mm/d。观测的 3 年夏季平均降水的形式和春季相似，都是西北地区少东南地区多。模式模拟的我国夏季平均降水与观测非常相似，在西北地区大约是 0.5~1 mm/d，在我国的东北和南部是 5 mm/d 左右，所以模式对降水有一定的模拟能力。在试验二区内降水的模拟有些偏小。总体来说，模式对降水有一定模拟能力，在春季模拟偏大，夏季模拟得很好，在试验二区内的模拟也基本与观测的数据一致。

1997 年 3—8 月观测的平均降水在我国南部地区远大于北部地区，南部降水最大值为 7 mm/d，最小值在我国的西北地区，仅为 0.1~0.5 mm/d，试验三区内的降水量为 0.1~0.5 mm/d。模式虽然模拟出了基本形式，但是对我国大部分地区模拟的值都偏大。模拟显示，在华中地区的降水量达到了 7 mm/d，而观测的仅为 3 mm/d，对渤海附近地区模拟的值更加偏大，试验三区的南侧也模拟出了一个高值中心，而观测中并没有这个中心。模式模拟的替换区的降水与观测是一致的，但是对于非替换区的试验区模拟的偏小 0.4 mm/d 左右。

3）比湿

来自于 NCEP 的 1992，1994，1996，1997，1998 年春季平均比湿显示，数值从试验一区北部向南部逐渐增加，从 2.7 g/kg 增加到 3.4 g/kg（图 5.17）。RIEMS 模拟的 5 年春季平均比湿是从西部向东部增加，数值从 2.5 g/kg 增加到 3.4 g/kg。虽然空间分布有差别，但是数值大体相同，模拟比较好的区域是东南部地区。NCEP 的 5 年夏季平均比湿从试验一区北部向南部增加，从 5.5 g/kg 增加到 7 g/kg，与春季的形式相同，但是数值明显增加。RIEMS 模拟的 5 年夏季平均比湿，模拟的湿度从试验区的西部向东部增加，从 6 g/kg 增加到 8.5 g/kg，这与模拟的春季的形式一致。模式模拟的夏季的比湿与观测在数值上很相近，尤其在西部地区模拟得比较好。就湿度而言，总体来说，观测的趋势是从北向南增加，模式模拟的是从西向东增加，在数值上无论春季和夏季都很相似，而在春季模拟得比较好的区域是东南部，在夏季是西北地区。

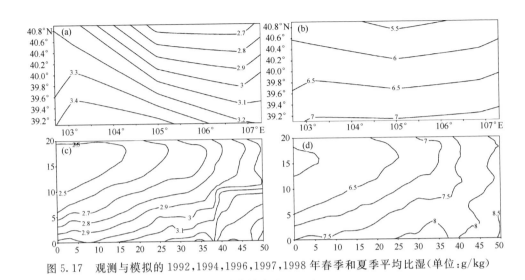

图 5.17   观测与模拟的 1992,1994,1996,1997,1998 年春季和夏季平均比湿(单位:g/kg)

(引自吴凌云,2005)

(a)观测春季平均比湿;(b)观测夏季平均比湿;(c)RIEMS 模拟春季平均比湿;

(d)RIEMS 模拟夏季平均比湿

观测的 1992、1994、1996 年中国春季平均比湿由西北向东南逐渐增加。在我国的西北地区湿度非常小,南部的比湿达到最大值为 16 g/kg,东北地区的比湿也比较小,仅为 4 g/kg。模式模拟的分布形式与观测数据相似,都是西北—东南走向,除在东南地区偏小外其他地区模拟得都非常好。我国夏季的比湿与春季的形式相同,但从数值上来看,夏季比湿在全国范围都比春季的高。在我国的西北地区湿度仍旧是全国最小的地区,南部的比湿达到最大值为 20 g/kg,东北地区的比湿变化较春季大得多(从 8 g/kg 到 14 g/kg)。模式模拟的夏季比湿形式与观测数据相似,都是西北—东南走向,但是在数值上模拟和观测的差距要比春季大。试验二区内夏季的比湿却模拟得非常好。由此可以看出,模式对比湿有一定模拟能力,春季较好,夏季东部地区相差较大。试验二区内春季偏大,夏季模拟很好。

1997 年 3—8 月观测平均比湿是从我国西北向东南逐渐增加,整体形式是东部大于西部,南部大于北部,在西北地区只有 4 g/kg,在东南地区最大可达 16 g/kg,东北地区的比湿也比较小,只有 6~8 g/kg,在试验区内的平均比湿为 4 g/kg。RIEMS 模拟的 1997 年的 3—8 月平均比湿,与观测的形式非常相似,都是西北—东南走向,但是从模拟的数值上看整体上都小了近 4 g/kg。

4)西风

来自于 NCEP 的 1992,1994,1996 年的春季平均西风分量的空间分布显示,我国华中地区和东南地区是东风,其余均为西风,在青藏高原处西风最大为 5 m/s,在东北地区也有一个高值中心为 3 m/s,试验二区内为西风,数值为 1~2 m/s。模式模拟的与观测基本相同,但是对我国中部和东南的东风模拟偏弱(最大相差 2 m/s),东北地区的西风也偏弱(最大相差 1 m/s),而对于试验二区南部和青藏高原的模拟则偏强(大约 2~3 m/s)。观测的 1992,1994,1996 年的夏季西风分量表明,我国的中东部都是东风,只有在我国的北部和西南地区是西风,与春季不同的是,我国的中西部由西风变为东风,并且在我国东北地区和青藏高原的数值明显小于春季(大约 1~2 m/s)。模式模拟的分布与观测相似,但是对中西部的东风模拟偏弱,试验二区南部的在春季模拟的强中心仍旧存在,对试验区和我国的东北地区模拟的比较好。这样看来,模式能够模拟出我国春季和夏季的纬向风的形式,尤其对试验二区模拟得比较好,但是在春季对东部模拟偏弱,西部偏强,夏季对中东部偏弱,西部偏强。

1997 年 3—8 月观测的平均西风分量,在我国的东南部地区为东风,其余地区均为西风,最大西风在青藏高原东南地区为 4 m/s,最大东风在我国的中部为 2 m/s,试验三区为西风带,数值为 1~2 m/s。RIEMS 基本模拟出了大体的形式,只是在我国的西北地区模拟的偏大,其余地区均偏小,对试验区内的模拟偏小了大约 1 m/s。

5)南风分量

观测的 1992,1994,1996 年的春季平均的南风分量显示,在我国春季西北地区和东北地区的西部为北风,其余地区均为南风。最大南风分量在青藏高原的南部为 3 m/s,最大北风出现在我国西北地区的东南部为 2 m/s。模式模拟的春季南风分量分布与观测大致形式相同,但是在青藏高原的西南部出现了北风。在数值上对青藏高原的南风模拟的偏小,对西北地区西部模拟的均偏大。观测的 1992,1994,

1996 年的夏季平均的南风分量与春季相似,但是在西部地区出现了更多的北风。除了青藏高原的部分地区外,其他地区的强度要大于春季。模式模拟的 1992,1994,1996 年夏季南风,除了青藏高原的一些地区外,大部分地区与观测的基本一致。就强度来讲,在中国的西部地区模拟值要大于观测值,而东部地区要小于观测值。试验二区内的模拟基本与观测一致。

(2)敏感性试验

1)对蒸发的影响

沙漠被短草地替换以后,叶面积指数和有效水分增加(见表 5.12),导致植被蒸腾作用增加,进而促进蒸发量的增加。在局地尺度试验中,蒸发量不仅在替换区,而且在整个试验区都在增加。随着短草地面积的扩大,蒸发量的最大值也在增加,在春季为 0.6 mm,在夏季可达 0.8 mm。

由于针叶林的叶面积指数大于短草地,导致了针叶林试验区的蒸发量大于短草地,两者最大增加值相差约 0.15 mm(图 5.18)。另外,局地尺度的试验里下游地区的蒸发增加的非常大,而区域尺度的试验里替换区下游并没有这么大的变化。

表 5.12　沙漠、短草地、针叶林三种植被类型在 BATS 中参数的比较

参数	沙漠	短草地	针叶林
植物最大覆盖度	0.0	0.8	0.8
最大叶面积指数	0.0	2.0	6.0
最小叶面积指数	0.0	0.5	5.0
粗糙度	0.05	0.14	1.0
有效水分	2	15	
植被反照率($\lambda < 0.7$ mm)	0.2	0.1	0.05
植被反照率($\lambda \geq 0.7$ mm)	0.4	0.3	0.23

2)对温度的影响

在局地尺度上,用短草地替换了沙漠后,替换区的温度降低,最大降温在春季为 2.5℃,夏季为 2℃。替换区的下游地区也有小部分的

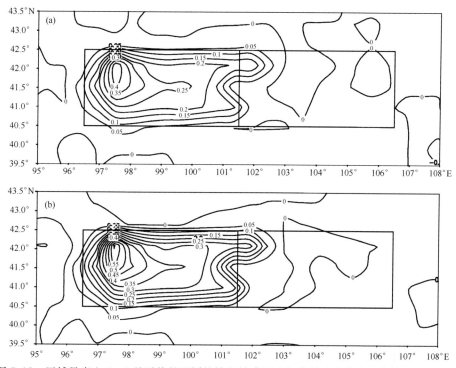

图 5.18　区域尺度上 3—8 月平均的不同植被的敏感试验与控制试验蒸发差值场（单位：mm）

（引自吴凌云，2005）

（a）短草地替换 50％沙漠试验；（b）针叶林替换 50％沙漠试验

降温，随着替换区面积增加，效应越强，夏季大于春季。另外，在短草地与沙漠的交界处的温度出现剧烈的突变，这是因为植被的突变发生在一个小区域。这一现象与 Zeng 等（2004）的结论相似。无论在春季和夏季，替换区的南部的温度差都不明显，出现这种现象可以从后面的南风变化来解释。植被替换沙漠后南风明显增强，带来的暖空气使该地区温度上升，因此可见局地系统受外界的影响明显。

在区域尺度上，短草地替换了沙漠后，替换区产生降温，降温幅度春季大于夏季，几乎所有的替换区都超过了 95％显著性检验。随着替换区面积增加，植被影响下游的降温范围也在增加。此外，我们也看到区域系统受外界的影响很小。表 5.13 显示了短草地替换沙漠后产生温度变化的经向平均。

表 5.13   区域尺度上短草地替换沙漠后温度的变化

替换区面积	春季		夏季	
	50%	70%	50%	70%
最大降温	−1.6℃	−1.45℃	−1.05℃	−1.55℃
降温区	96.5°E,102°E	96.5°E,103.5°E	93.5°E,102.5°E	93.5°E,108°E
低于−1℃的区域	97.5°E,101°E	98°E,100.5°E	98°E,100.5°E	97.5°E,103.5°E

　　针叶林与短草地产生的降温效应的空间分布比较相似,在幅度上针叶林作用更强(图 5.19)。

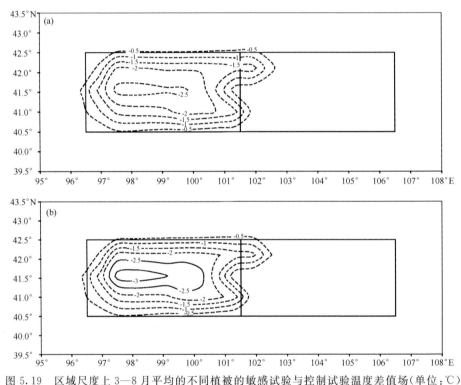

图 5.19　区域尺度上 3—8 月平均的不同植被的敏感试验与控制试验温度差值场(单位:℃)

(引自吴凌云,2005)

(a)短草地替换 50%沙漠试验;(b)针叶林替换 50%沙漠试验

　　局地尺度和区域尺度的结果都表明,绿洲为降温区。局地尺度绿洲区的最大降温可达 2.5℃,并且随着绿洲比例的增加,降温区增加;区域尺度上的最大绿洲区降温为 2℃,也是随着绿洲比例增加降温区增加,并且在夏季虽然降温的最大值比春季的低,但是在邻近的沙漠区也出现降温现象,在春季这种现象并不明显。

前面动力学分析中发现绿洲区春季最大降温可达 1.2℃,夏季为 2.8℃;观测分析表明,春季绿洲和沙漠的温差为 1.18℃,夏季为 3.55℃(2 m 处)。数值模拟局地尺度试验表明最大降温在春季为 2.5℃,夏季为 2℃。尽管温差的量值并不完全相同,但这些结果表明,三种方法研究结论是一致的,就是绿洲能够产生"冷岛效应",并且绿洲下游的沙漠产生降温影响,这种影响在夏季要大于春季。同时我们也发现,在春季数值模拟的绿洲降温幅度较其他两种方法要强,夏季观测的要强于另外两者。

3)对南风分量的影响

在局地尺度上,沙漠被替换成短草地后,大部分地区的南风增强,在春季最大增加值可达 0.7 m/s。随着绿洲面积增加,在一些地区南风增加的幅度也有所加强。夏季南风变化的空间分布与春季类似,只是增加的幅度和范围明显增强,最大可达 0.9 m/s。

为了更清楚地分析植被变化对南风造成的影响,我们对这四个差值场进行了经向平均(图 5.20)。整个试验区南风均显示增强,最大值都出现在替换区。在春季,经向平均值在 0.1~0.4 m/s 之间变化;在夏季,经向平均值在 0.28~0.55 m/s 之间变化。结果表明,绿洲的存在可以使南风增加,替换区南风的增加要大于下游的沙漠区,夏季的增强效应明显大于春季,随着绿洲面积的增加,南风增强的效应也在增加,但是并没有很大的变化。

区域尺度上,沙漠面积的 50% 被替换成短草地后,替换区大部分地区的南风增强,春季最大增加值为 0.18 m/s。当沙漠面积的 70% 被短草地替换后,不仅在短草地而且沙漠地区的南风也出现了增强。与春季相比,植被替换沙漠后试验区夏季南风的增强幅度和范围明显加大。50% 和 70% 的试验高值中心都出现在大约(99.5°E,41.8°N),50% 试验的最大值为 0.2 m/s,70% 试验的最大值为 0.25 m/s。针叶林替换沙漠后南风的变化与短草地类似。南风的增加会带来南方大量的水汽,这为试验区降水带来有利的条件。

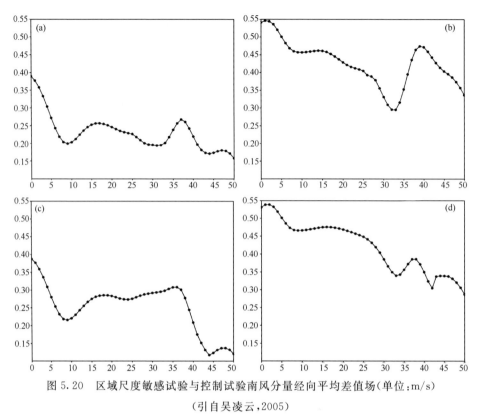

图 5.20　区域尺度敏感试验与控制试验南风分量经向平均差值场(单位:m/s)

(引自吴凌云,2005)

(a)春季 50%试验;(b)夏季 50%试验;(c)春季 70%试验;(d)夏季 70%试验

4)对降水的影响

局地尺度上,春季短草地替换了 50%的沙漠后,整个试验区内降水出现增加,最高为 0.1 mm/d。当短草地增加到 70%的试验区面积时,最大增雨量为 0.2 mm/d,绿洲面积增加带来了更多的降水。也就是说,短草地替换了沙漠后在当地及周围发生了增雨,绿洲可以产生增雨的作用。夏季的情况与春季类似,但是增雨的幅度明显大于春季。

四个差值场的经向平均更清楚地表明了绿洲的增雨作用。两组试验的春季的绿洲增雨效应都差不多,增加的降水量都在 0～0.12 mm/d 之间,下游效应并不明显。两组试验在夏季所产生的绿洲增雨效应有些差别,50%的试验中在替换区的增雨较小,大约在 0.08～0.15 mm/d 之间,而在替换区的下游产生了大量的增雨,最大值为 0.48 mm/d。对于 70％的情况,增加的降水量大于 50％的试验,最大值发生在绿洲下游为 0.65 mm/d。由此看来,沙漠被短草地替换后降水量增加,并且增雨效应对下游产生影响,而且夏季的效应要远大于春季的情况,70％的试验要大于 50％的试验。试验三表明,针叶林与短草地相比,参数的变化更加明显,因此会带来更多的降水。

　　5)对湿度的影响

　　局地尺度上,短草地替换 50％和 70％沙漠面积后,蒸发和降水的增加,使得整个试验区内的湿度都在增加(图 5.21)。在春季,湿度从试验区北部的 0.1 g/kg 逐渐增加到南部的 0.5 g/kg,最大值大部分发生在替换区内。夏季湿度增加的形式类似于春季,但是幅度大于春季。50％的试验湿度从 0.6 g/kg 增加到 1 g/kg,70％的试验增加的范围为 0.6~1.2 g/kg。由此而来,我们看到沙漠被短草地替换以后,在该地区的湿度增加,就是说绿洲有湿岛效应,并且由于西风的影响在其下风向也产生了这个效应,这两种效应在夏季要强于春季。

　　不同植被类型对湿度影响的试验表明,针叶林和短草地都能给试验区带来湿度的增加。比较来看,针叶林增加的最大幅度比短草地大0.5 g/kg,并对下游湿度增加带来更大影响。

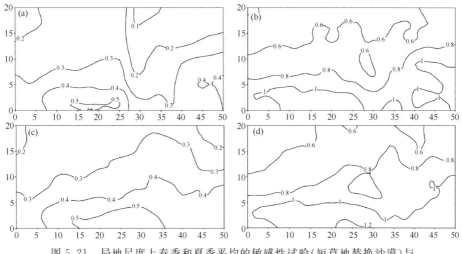

图 5.21　局地尺度上春季和夏季平均的敏感性试验(短草地替换沙漠)与
控制性试验比湿差值场(单位:g/kg)(引自吴凌云,2005)
(a)春季 50％试验;(b)夏季 50％试验;(c)春季 70％试验;(d)夏季 70％试验

6)对西风的影响

短草地替换沙漠以后,粗糙度的增加(见表 5.12)降低了风速。在局地尺度的试验中,大部分的试验区春季西风都在减弱,50%和 70%试验的西风变化的形式非常相似,只是减弱的幅度不同:50%试验的最大减弱值为 0.4 m/s,而 70%的试验是 0.6 m/s,并且减弱范围比50%的也有所增加。夏季的情况明显有别于春季,西风减弱的范围减小,主要位于试验区的北部,而试验区的南部出现了西风增加。

在区域尺度上,春季植被替换了沙漠以后,绝大部分试验区的西风都在减弱,50%和 70%的试验结果的空间分布非常相似,最大减弱值分别为 0.4 m/s 和 0.3 m/s。夏季的情况明显有别于春季,尽管最大值在减少,但是影响的范围在增加,这是因为该地区的夏季西风本来就小于春季的缘故。

用针叶林替换了沙漠以后,平均西风减弱的幅度明显大于短草地,两者差值为 2.0 m/s(图 5.22)。

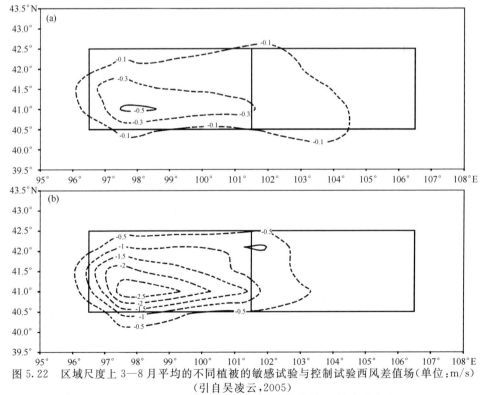

图 5.22 区域尺度上 3—8 月平均的不同植被的敏感试验与控制试验西风差值场(单位:m/s)

(引自吴凌云,2005)

(a)短草地替换 50%沙漠试验;(b)针叶林替换 50%沙漠试验

5.4.5　小结

本节使用中国科学院大气物理研究所东亚中心的区域系统集成模式 RIEMS 做了三类试验,来模拟我国北方绿化对局地气候的影响,进一步做了一些区域尺度上的试验。试验一主要研究的是局地尺度的绿洲效应,试验二为区域尺度的绿洲效应,两者的试验方法相同,都是用短草地替换了 50% 和 70% 的沙漠,试验三的目的主要是对不同植被产生的绿洲效应进行了研究。首先,对模式的模拟能力进行了验证,结果表明 RIEMS 能够较好地模拟我国及试验区的气候特征。接下来,通过分析三类试验的结果,我们得到了下面的结论:

(1)叶面积指数和有效水分的增加等影响使绿洲起到增加蒸发的效应;绿洲为降温区;绿洲有增加南风的作用;南风的增加使整个区域,即绿洲和沙漠都出现了增雨;蒸发和降水的增加使绿洲的湿度出现了增加;绿洲地区的西风都在减少。

(2)以上绿洲所表现出来的效应,在夏季大于春季,并且使邻近的沙漠地区也具有了这些特点。

(3)针叶林与短草地相比参数变化明显,因此绿洲效应也更加明显。但是,现实中的绿洲覆盖主要为草和灌木等,而且植被生存需要一些例如水的变化等必要的条件,因此这样一个虚拟试验结果主要提供了理论上的参考。

(4)本节所得到的结论与以前研究(范广州等,1998;吕世华和陈玉春,1999;姜大膀等,2003)的结论比较一致。

(5)本节由数值模拟得到的绿洲效应的结论与前面用动力学和观测得到的结论一致。同时也注意到,三者在量值上存在一些差异。这可能是由于:1)所选研究区域的位置略有差异造成的;2)也可能是模式本身的偏差带来的。动力学模型是高度简化的,对于绿洲和沙漠陆面过程描述比较简单。RIEMS 对陆面过程处理得虽然比动力学模型好些,但是与现实还存在偏差;3)三种方法的研究时间不同。动力学模型是一个平均的状态,不代表具体的时间;观测的数据是来自于黑河实验 1991 年的资料。数值模拟试验的时间是 1992、1994、1996、1997 和 1998 年的平均。

参考文献

巢纪平,陈英仪. 1979. 二维能量平衡模式中极冰—反照率的反馈对气候的影响. 中国科学, **12**:1198-1207.

巢纪平,李耀锟. 2010. 热力学和动力学耦合的二维能量平衡模式中荒漠化气候的演变. 中国科学:地球科学,**40**(8):1060-1067.

巢纪平,井宇. 2012. 一个简单的绿洲和荒漠共存时距平气候形成的动力理论. 中国科学:地球科学,**42**(3):424-433.

巢纪平,周德刚. 2005. 大气边界层动力学和植被生态过程耦合的一个简单解析理论. 大气科学,**29**(1):37-46.

陈星,于革. 2002. 东亚中全新世的气候模拟及其温度变化机制探讨. 中国科学(D辑),**32**(4):335-345.

戴新刚,熊喆,贾根锁,等. 2012. 羊啃食动力学模拟与内蒙古西部气候变化适应. 中国沙漠,**32**(5):1442-1450.

范广洲,吕世华,罗四维. 1998. 西北地区绿化对该区及东亚、南亚区域气候影响的数值模拟. 高原气象,**17**(3):300-309.

付明胜,钱卫东,牛萍,等. 2002. 连续干旱对土壤干层深度及植物生存的影响. 干旱区研究, **19**(2):71-74.

高艳红,吕世华. 2001a. 不同绿洲分布对局地气候影响的数值模拟. 中国沙漠,**21**(2):108-115.

高艳红,吕世华. 2001b. 非均匀下垫面局地气候效应的数值模拟. 高原气象,**20**(4):354-361.

郭建侠,杜继稳,郑有飞. 2003. 陕北地区荒漠化对局地环境影响的数值分析. 气候变化与生态环境研讨会会议论文,165-175.

韩德麟. 1995. 关于绿洲若干问题的认识. 干旱区资源与环境,**9**(3):13-31.

侯平,李虎,潘存德. 1995. 试讨论绿洲的可持续性发展. 干旱区资源与环境,**9**(4):272-280.

胡隐樵,奇跃进,杨选利. 1990. 河西戈壁(化音)小气候和热量平衡特征的初步分析. 高原气象,**9**(2):113-119.

胡隐樵,王俊勤,左洪超. 1993. 临近绿洲的沙漠上空近地面层内水汽输送特征. 高原气象,**12**(2):125-132.

黄妙芬. 1996. 荒漠-绿洲交界处辐射差异对比分析. 干旱区地理,**19**(3):72-79.

黄妙芬,周宏飞. 1991. 荒漠交界处近地面层风速和温度的铅直变化规律. 干旱区地理,**14**(2):60-65.

贾宝全. 1996. 绿洲若干理论问题的探讨. 干旱区地理,**19**(3):58-65.

贾宝全,闫顺. 1995. 绿洲-荒漠生态系统交错带环境演变过程初步研究. 干旱区资源与环境, **9**(3):58-64.

姜大膀,王式功,朗咸梅,等. 2003. 沙区绿化对区域气候影响的数值模拟研究,中国沙漠,**23**(1):63-66.

李彦,黄妙芬. 1996. 绿洲-荒漠交界处蒸发与地表热量平衡分析. 干旱区地理,**19**(3):80-87.

刘飞,巢纪平. 2009. 全球植被分布对陆面气温影响的半解析分析. 科学通报,**54**(12):1761-1766.

刘晶森,周秀骥,余锦华,等. 2002. 长江三角洲地区水和热通量的时空变化特征及影响因子. 气象学报,**60**(2):139-145.

刘秀娟. 1995. 绿洲的形成机制和分类体系. 新疆环境保护,**17**(1):1-6.

刘玉璋,董光荣,李长治. 1992. 影响土壤风蚀主要因素的风洞实验研究. 中国沙漠,**12**(4):41-49.

吕世华,陈玉春. 1999. 西北植被覆盖对我国区域气候变化影响的数值模拟. 高原气象,**18**(3):416-424.

苗曼倩,季劲钧. 1993. 荒漠绿洲边界层结构的数值模拟,大气科学,**17**(1):77-86.

佴抗,胡隐樵. 1994. 远离绿洲的沙漠近地面观测实验. 高原气象,**13**(3):282-290.

桑建国,吴熠丹,刘辉志,等. 1992. 非均匀下垫面大气边界层的数值模拟. 高原气象,**11**(4):400-410.

苏从先,胡隐樵,张永丰,等. 1987a. 河西地区绿洲的小气候特征和"冷岛效应". 大气科学,**11**(4):390-396.

苏从先,胡隐樵,江灏,等. 1987b. 河西地区热量平衡和蒸散的初步观测研究. 高原气象,**6**(3):217-224.

苏从先,胡隐樵. 1987. 绿洲冷岛的行星边界层结构. 气象学报,**2**(4):527-534.

沈玉凌. 1994. 绿洲概念小议. 干旱区地理,**17**(2):70-72.

施伟来,王汉杰. 2003. 中国西部绿化对东亚季风气候影响的数值模拟. 解放军理工大学学报(自然科学版),**4**(3):76-81.

汪久文. 1995. 论绿洲,绿洲化过程与绿洲建设. 干旱区资源与环境,**9**(3):1-12.

王介民,刘晓虎,祁勇强. 1990. 应用涡旋相关方法对戈壁地区湍流输送特征的初步研究. 高原气象,**9**(2):120-129.

王君厚,周示威,路兆明,等. 1998. 乌兰布和荒漠人工绿洲小气候效应研究. 干旱区研究,**15**(1):27-34.

王涛,陈广庭. 2008. 西部地标:中国的沙漠·戈壁. 上海:上海科学技术文献出版社:68-74.

王涛,吴薇,薛娴,等. 2004. 近 50 年来中国北方沙漠化土地的时空变化. 地理学报,**59**(2):203-212.

魏和林. 1997. 区域气候模式及其对东亚气候模拟的研究,中国科学院大气物理研究所博士论文,1-72.

文军,王介民. 1997. 绿洲边缘内外近地面辐射收支分析. 高原气象,**16**(4):359-366.

文子祥,董光荣,屈建军. 1996. 应重视加强我国沙漠绿洲的研究. 地球科学进展,**11**(3):

270-274.

吴凌云,巢纪平.2004.一个简单陆气耦合模式中的绿洲——荒漠化效应.气候与环境研究,
    9(2):350-360.

吴凌云.2005.绿洲效应对局地气候的影响.中国科学院大气物理研究所博士论文,1-206.

吴正.2009.中国沙漠及其治理.北京:科学出版社.1-48,157-182.

徐国昌.1986.气候变化,干旱和沙漠化-1986年的世界气象日.气象,3:24-26

薛具奎,胡隐樵.2001.绿洲与沙漠相互作用的数值实验研究,自然科学进展,11(5):
    514-517.

阎宇平.1999.非均匀下垫面地气相互作用的数值模拟,中国科学院兰州高原大气物理研究
    所博士论文.

曾庆存,卢佩生,曾晓东.1994.最简化的两变量草原生态动力学模式.中国科学:B辑,24
    (1):106-112.

曾庆存,曾晓东,王爱慧,等.2005.大气和植被生态及土壤系统水文过程相互作用的一些研
    究.大气科学,29(1):7-19.

曾晓东,王爱慧,赵钢,等.2004.草原生态动力学模式及其实际检验.中国科学:C辑,34
    (5):481-486.

张宏,樊自立.1998.气候变化和人类活动对塔里木盆地绿洲演化的影响,中国沙漠,18(4):
    308-313.

张强.1998.绿洲与荒漠相互影响下大气边界层特征的模拟.南京气象学院学报,21(1):
    104-113.

张强.2001.干旱区绿洲诱发的中尺度运动与其主要影响因子的敏感性实验,高原气象,20
    (1):58-64.

张强.2002.敦煌绿洲夏季典型晴天地表辐射和能量平衡及小气候特征,植物生态学报,26
    (6):203-213.

张强,赵鸣.1998a.干旱区绿洲与沙漠相互作用下陆面特征的初步模拟,高原气象,17(4):
    1-8.

张强,赵鸣.1998b.干旱区绿洲与荒漠相互作用下陆面特征的数值模拟.高原气象,17(4):
    335-346.

张强,赵鸣.1999.绿洲附近荒漠大气逆湿的外场观测和数值模拟.气象学报,57(6):
    729-740.

张强,卫国安,黄荣辉.2001.西北干旱区荒漠戈壁动量和感热总体输送系数.中国科学,31
    (9):793-792.

张强,卫国安,黄荣辉.2002.绿洲对其邻近荒漠大气水分循环的影响-敦煌试验数据分析.
    自然科学进展,12(2):170-175.

张强,胡隐樵,赵鸣.1998.绿洲与荒漠相互作用影响下大气边界层特征的模拟.南京气象院
    学报,21(1):104-113.

张强，胡隐樵. 2001. 干旱区绿洲效应. 自然杂志, **23**(4): 234-236.

张耀存，钱永甫. 1995. 陆地下垫面特征对区域能量平衡过程影响的数值试验. 高原气象, **14**(3): 325-333.

赵哈林，赵学勇，张铜会. 2007. 沙漠化的生物过程及退化植被的恢复机理. 北京: 科学出版社, 1-2.

赵哈林. 2012. 沙漠生态学. 北京: 科学出版社, 1-5, 41-52.

郑益群，钱永甫，苗曼倩，等. 2002a. 植被变化对中国区域气候的影响 Ⅰ: 初步模拟结果. 气象学报, **60**: 1-16.

郑益群，钱永甫，苗曼倩，等. 2002b. 植被变化对中国区域气候的影响 Ⅱ: 机理分析. 气象学报, **60**: 17-30.

钟德才. 1998. 中国沙海动态演化. 兰州: 甘肃文化出版社: 12-20.

周广胜，张新时. 1996. 植被对于气候的反馈作用. 植物学报: 英文版, **38**(1): 1-7.

朱俊凤，朱震达，等. 1999. 中国沙漠化防治，北京: 中国林业出版社, 2-3, 5, 120, 114-117.

朱震达，刘恕，邸醒民. 1989. 中国的沙漠化及其治理，北京，科学出版社, 4, 6-7, 109.

Anthes R A. 1977. A cumulus parameterization scheme utilizing a one-dimensional cloud model. *Monthly Weather Review*, **117**: 1423-1438.

Arakawa A, Lamb V R. 1977. Computational design of the basic dynamical processes of the UCLA general circulation model. *Methods in Computational Physics*, **17**: 173-265.

Avissar R, Silva Dias P L, Silva Dias M A F, *et al*. 2002. The large-scale biosphere-atmosphere experiment in Amazonia(LBA): Insights and future research needs. *Journal of Geophysical Research: Atmospheres*(1984—2012), 107(D20): LBA 54-1-LBA 54-6.

Charney J G. 1975. Dynamics of deserts and drought in the Sahel. *Quarterly Journal of the Royal Meteorological Society*, **101**: 193-202.

Clark D B, Xue Y K, Harding R J, *et al*. 2001. Modeling the impact of land surface degradation on the climate of tropical North Africa. *Journal of Climate*, **14**: 1809-1822.

Costa M H, Foley J A. 2000. Combined effects of deforestation and doubled atmospheric CO_2 concentrations on the climate of Amazonia. *Journal of Climate*, **13**(1): 18-34.

Dirmeyer P A, Shukla J. 1996. The effect on regional and global climate of expansion of the world's deserts. *Quarterly Journal of the Royal Meteorological Society*, **122**(530): 451-482.

Fu C. 2003. Potential impacts of human-induced land cover change on East Asia monsoon. *Global and Planetary Change*, **37**: 219-229.

Kuo H L. 1973. On a simplified radiative-conductive heat transfer equation. *Pure and Applied Geophysics*, **109**(1): 1870-1876.

Gao X, Luo Y, Lin W, *et al*. 2003. Simulation of effects of land use change on climate in China by a Regional Climate Model. *Advances in Atmospheric Sciences*, **20**(4): 583-592.

Laval K, Picon L. 1986. Effect of a change of the surface albedo of the Sahel on climate . *Journal of the Atmospheric Sciences*, **43**(21):2418-2429.

Pan X, Chao J. 2001. The Effects of climate on development of ecosystem in Oasis. *Advances in Atmospheric Sciences*, **18**(1):42-52.

Sellers P J, Hall F G, Asrar G, *et al*. 1992. An overview of the first international satellite land surface climatology project(ISLSCP) field experiment(FIFE). *Journal of Geophysical Research:Atmospheres*(1984—2012), **97**(D17):18345-18371.

Sud Y C, Molod A. 1988. A GCM simulation study of the influence of Saharan Evapotranspiration and surface-albedo anomalies on July circulation and rainfall. *Monthly Weather Review*, **116**:2388-2400.

Wang G, Elathir E A B. 2000a. Biosphere-atmosphere interactions over West Africa, II:Multiple climate equilibria. *Quarterly Journal of the Royal Meteorological Society*, **126**:1261-1280.

Wang G, Eltahir E A B. 2000b. Role of ecosystem dynamics in the low-frequency variability of the Sahel rainfall. *Water Resources Research*, **36**: 1013-1021.

Wang G, Eltahir E A B. 2000c. Ecosystem dynamics and the Sahel drought. *Geophysical Research Letters*, **27**: 795-798.

Wang J, Gao Y, Hu Y, *et al*. 1993. An overview of the HEIFE experiment in the People's Republic of China. Exchange Processes at the Land Surface for a Range of Space and Time Scales, IAHS Publ,**212**: 397-403.

Wang J, Mitsuta Y. 1992. An observational study of turbulent structure and transfer characteristics in Heihe oasis. *Journal of the Meteorological Society of Japan*, **70** (6): 1147-1154.

Werth D, Avissar R. 2002. The local and global effects of Amazon deforestation. *Journal of Geophysical Research*, **107**(D20):LBA 55-1-LBA 55-8.

Wu L, Chao J, Fu C, *et al*. 2003. On a simple dynamics model of interaction between oasis and climate. *Advances in Atmospheric Sciences*, **20**(5):775-780.

Wu L, Zhang J, Dong W. 2011. Vegetation effects on mean daily maximum and minimum surface air temperatures over China. *Chinese Science Bulletin*, **56**(9):900-905.

Xue Y, Shukla J. 1993. The influence of land surface properties on Sahel climate Part I:desertification. *Journal of Climate*, **6**: 2232-2245.

Xue Y, Shukla J. 1996. The influence of land surface properties on Sahel climate. Part II: Afforestation. *Journal of Climate*, **9**: 3260-3275.

Xue Y. 1996. The impact of desertification in the Mongolian and the Inner Mongolian Grassland on the regional climate. *Journal of Climate*, **9**: 2173-2189.

Xue Y. 1997. Biosphere feedback on regional climate in tropical North Africa. *Quarterly*

Journal of the Royal Meteorological Society，**123**：1283-1515.

Zeng N，Neelin J D. 2000. The role of vegetation-climate interaction and interannual variability in shaping the African savanna. *Journal of Climate*，**13**：2665-2670.

Zeng N，Neelin J D，Lau W K-M，*et al*. 1999. Enhancement of interdecadal climate variability in Sahel by vegetation interaction. *Science*，**286**：1537-1540.

Zeng X，Shen S S P，Zeng X. 2004. Multiple equilibrium states and abrupt transitions in a dynamical system of soil water interacting with vegetation. *Geophysical Research Letters*，**31** (5)：doi：10. 1029/2003 GL018910.

Zheng X，Eltahir E A B. 1997. The response to deforestation and desertification in a model of West African monsoons. *Geophysical Research Letters*，**24**：155-158.

Zheng X，Eltahir E A B. 1998. The role of vegetation in the dynamics of West African monsoons. *Journal of Climate*，**11**：2078-2096.

Zhang J，Cha D H，Lee D K. 2009. Investigating the role of MODIS leaf area index and vegetation-climate interaction in regional climate simulations over Asia. *Terrestrial*，*Atmospheric & Oceanic Sciences*，**20**(2)：377-393.

Zhang J，Dong W，Wu L，*et al*. 2005. Impact of land use changes on surface warming in China. *Advances in Atmospheric Sciences*，**22**(3)：343-348.

Zhang J，Wu L，Huang G，*et al*. 2011 The role of May vegetation greeness on the Southeastern Tibetan Plateau for East Asian sommer monsoon prediction. *Journal of Geophysical Research*，**116**：D05106，doi：10. 1029/2010JD015095.

附录：陆—气相互作用的基本过程及陆面过程模式的发展进程

陆地表面状况通过生物、物理和化学过程在各种时空尺度上对天气和气候产生重要影响（Bonan，2008；Seneviratne，2010；Pielke，2011；Wu and Zhang，2014）。附录部分简要介绍了陆—气相互作用的基本过程及陆面过程模式的发展进程，以帮助读者更好地理解本书的内容。

附录 1　陆地表面能量平衡过程

到达和进入大气层的太阳短波辐射一部分被反射回太空，一部分被云、水汽等吸收，其余的到达地表。到达地表的太阳辐射一部分被反射回大气和外太空，剩余的被吸收。另外，温度高于绝对零度的物体都能够发射长波辐射。陆地表层的净辐射（R_n）可表示为：

$$R_n = (1-\alpha)SW_{down} + (LW_{down} - LW_{up})$$

其中 α 代表陆地表面的短波反照率，SW_{down} 代表到达陆地表面的太阳短波辐射，LW_{down} 和 LW_{up} 分别代表大气向下和陆地表面向上的长波辐射。

反照率大时，陆地表面吸收的太阳辐射少。反之，反照率小时，陆地表面获取的太阳辐射多。雪、沙漠和冰川的反照率高，水体、植被覆盖率高的林地和城市表面的反照率低。土壤的反照率随粒子大小而改变。粗颗粒土壤捕获更多的太阳辐射，细颗粒土壤则捕获更少的太阳辐射（Bonan，2008）。土壤的反照率还与含水量密切相关。含水量越高，反照率越低。

物体发射的长波辐射与自身温度四次方成正比，并依赖自身的发射率：

$$LW = \varepsilon \delta (T + 273.15)^4$$

式中 T 为辐射体的摄氏温度，ε 为发射率，黑体的发射率等于 1，大多数物体都是灰体，发射率通常在 $0.95 \sim 1$ 之间。δ 为斯蒂芬—波尔兹曼常数，数值为 $5.67 \times 10^{-8} \, \mathrm{W \cdot m^{-2} \cdot K^{-4}}$。

陆地表面获得的净辐射一部分以感热的形式返回大气，另一部分用于水分蒸散，其余的通过热传导输送到更深层。陆地表面的能量平衡可表示为：

$$\frac{\mathrm{d}H}{\mathrm{d}t} = R_n - SH - LH - G$$

其中 $\dfrac{\mathrm{d}H}{\mathrm{d}t}$ 是表层的能量变化，R_n 是陆地表面获得的净辐射，SH 为感热，LH 为潜热，G 为向深层的热传导。感热 SH 可表示为：

$$SH = \rho c_p \frac{T_s - T_a}{r_h}$$

式中 ρ 为空气密度，c_p 为比定压热容，r_h 为阻抗系数。当陆地表面温度（T_s）比近地面空气温度（T_a）高时，陆地表面失去能量，而大气获得能量。反之，陆地表面获得能量。

水的相变吸收或放出的能量称为潜热。陆地表面的潜热 LH 可表示为：

$$LH = \frac{\rho c_p}{\gamma} \frac{(e_*[T_s] - e_a)}{r_w}$$

其中 γ 是湿度计算常数，通常取值为 $66.5 \, \mathrm{Pa/^\circ C}$。$e_*[T_s]$ 是表层温度为 T_s 时的饱和水汽压（Pa）；e_a 表示空气的实际水汽压（Pa）。二者之差 $e_*[T_s] - e_a$ 表示蒸发界面间的水汽压差。r_w 是类似于 r_h 的阻抗系数，界面越干燥，阻抗系数就越大。

向深层的热传导依赖于热传导率和温度梯度：

$$G = k \left(\frac{\partial T}{\partial z} \right)$$

式中 k 为热传导率，是衡量一个物体热传导能力的指标，不同的地表 k 的数值相差很大。$\dfrac{\partial T}{\partial z}$ 是表层和深层的温度梯度。梯度越大，热传导越大。

附录 2　陆地表面水分平衡过程

大气降水一部分被植物的叶片、枝干等截留,然后通过蒸发的形式全部返回大气。没有被截留的水到达地面。液态降水入渗进入土壤,增加土壤湿度。当地面液态水量超过土壤渗透能力时,水会在地面形成地表径流。土壤水通过蒸发和植物蒸腾返回到大气。入渗到更深层的土壤水会补充地下水。地表径流和地下径流进入到河流汇流入大海,也有一部分用来补充湿地和湖泊水。陆地表层的水分平衡可表示为:

$$\frac{\mathrm{d}S}{\mathrm{d}t} = P - E - R_s - R_g$$

式中 $\frac{\mathrm{d}S}{\mathrm{d}t}$ 代表陆地表层的水分变化,P 为降水,E 为蒸散,包括蒸发和蒸腾,R_s 为地表径流,R_g 为地下径流。

降水的强度、频率与时间影响着植物截留的降水量。大多数植物截留能力小,当降水以雪的形式降落时,植物可以截取更多一点的水量(Bonan,2008)。中高纬度的冬季,降水的主要形式是积雪。到达地面的积雪并不能立刻融化,有时积雪可以储存几个月的时间。积雪的反照率高,能够反射更多的太阳辐射。积雪的传导率低,能够减少陆地与大气间的热量交换。融雪需要大量热量并增加土壤湿度,因而对气候产生重要影响。

能量供给、空气湿度、地表风速、土壤类型与含水量、植被类型等都能够影响蒸散。陆地表面水分与能量平衡通过蒸散紧密联系在一起,一部分降水通过蒸散返回大气。大气潜热释放出的热量是驱动大气运动和形成暴雨的重要能量来源。蒸散与植物光合作用密切联系,使水循环与碳循环之间相互影响。

土壤的入渗过程受表面液态水量、土壤本身的含水量、土壤类型、表面状况等的影响。当到达地面的液态水量超过土壤渗透能力,或者土壤含水量达到饱和时,就会形成地表径流。非饱和土壤水势的侧向差别会引起侧向壤中流。大多数情况而言,侧向壤中流都比地表径流小得多。到达更深层的水能够补充地下水。径流通过汇流过程进入河流、溪流、湿地和湖泊。河流能够为海洋带去淡水和营养物质，降低海洋的盐度和影响海洋的碳循环过程。

附录 3　陆地生态系统碳循环

陆地生态系统通过光合作用将大气中的 CO_2 转变为有机物，将太阳能转化为化学能。光合作用的产物，一部分为地球上的其他生物提供基本的物质和能量来源，一部分经植物的自养呼吸又以 CO_2 的形式返回大气，另一部分通过土壤微生物和动物的异养呼吸分解释放到大气（方精云等，2001）。中国是全球 CO_2 的主要排放国家之一，Piao 等（2009）用地面清查结合遥感数据、生物地球化学模型和大气反演模型三种独立的方法估计，中国陆地碳汇每年在 $0.19 \sim 0.24$ PgC[①]，占 1980—1990 年代我国同期化石燃料碳排放的 28%～37%。

单位时间内生物通过光合作用所吸收的碳，称为总初级生产力（GPP，gross primary productivity），亦称为总第一性生产力。GPP 扣除植物自身呼吸的碳损耗（R_a）所剩的部分，称为净初级生产力（NPP，net primary productivity）或净第一性生产力，表示为：

$$NPP = GPP - R_a$$

NPP 反映着植物固定和转化光合作用产物的效率，也决定了可供利用的物质和能量。1982—1999 年，全球 NPP 增加了 6%，其中 42% 由于亚马孙雨林引起的（Nemani $et\ al.$，2003）。Zhao 和 Running（2010）发现，2000—2009 年，干旱导致了南半球 NPP 的减少，结果造成全球 NPP 的下降。由于大气 CO_2 增加等，未来全球陆地生态系统的 NPP 也许将呈现上升趋势，但不同的生态区域变化不同（方精云等，2001）。

NPP 扣除土壤呼吸的碳损耗（R_h）所剩的部分，称为净生态系统生产力（NEP，net ecosystem productivity），可表示为：

---

① 1 PgC$=10^{15}$gC$=10$ 亿吨碳

$$NEP = NPP - R_h$$

NEP 的大小受制于大气 CO_2 浓度、物种组成、气候条件、养分等的制约。NEP 扣除非生物呼吸的碳损耗（NH，各类自然和人为干扰）所剩余的部分，称为净生物群区生产力（NBP，net biome productivity）可表示为：

$$NBP = NEP - NH$$

NBP 在数值上就是陆地碳源/碳汇的概念。总生态系统碳交换量（GEE，gross ecosystem exchange）和净生态系统碳交换量（NEE，net ecosystem exchange）也经常被用来描述陆地生态系统的碳交换。GEE 是 NEE 与生态系统自养和异养呼吸所消耗的碳通量之和。NEE 与 NEP 符号相反，GEE 与 GPP 符号相反。局地的气候条件、环境因子等对 GEE 和 NEE 有决定性的影响。另外，大尺度环流状况通过影响局地的气候条件，进而对 GEE 和 NEE 产生重要影响（Zhang *et al.*，2011）。

附录 4　陆面过程模式的发展进程

陆面过程模式通过数值参数化方法来计算地表的能量和质量平衡过程及陆地与大气间的通量交换，在描述陆面状态变化的同时，为大气模式提供所需的下边界条件。最近几十年，陆面过程模式的发展取得了很大进展，大致经历了三个阶段（Sellers *et al.*，1997；孙菽芬，2005；Bonan，2008；孙照渤等，2010）。

第一代陆面模式从 1960 年代末到 1970 年代，通过空气动力学总体输送公式和几个简化的陆面参数反映表面能量交换和蒸发。这一代模式忽视了植被在陆面过程中的重要作用，水文过程极其简单，常被称为"Bucket"模式（Manabe，1969）。

第二代陆面模式从 1980 年代开始发展起来，引入了垂直方向的陆面水循环和植被生物物理过程，包含了土壤中的水热过程方案和植被对辐射、水分、热量和动量传输的控制作用，较为完整地描述了土壤—植被—大气系统的生物物理过程。例如，Dickinson 等（1986）和

Sellers 等(1986)分别开发的生物圈—大气圈传输方案(BATS)和简单生物圈模式(SiB)是第二代陆面模式的代表。

1980年代后期，全球变化研究开始引起科学界的关注，尤其是温室气体效应对全球变暖的贡献。植被生理学研究在1980年代后期到1990年代早期取得显著进展，对植被光合作用的认识变得更加深入。第三代陆面模式就是在这样的背景下发展起来的，主要的特点是引入了考虑碳循环的生物化学模块，从而使陆面物理过程和生物化学过程紧密结合，更真实地反映陆地与大气间的通量交换。第三代陆面模式对积雪、冻土、水文等过程以及次网格尺度的非均匀性的描述得到不同程度的改善，卫星遥感数据在模式中得到更多应用。第三代模式的典型代表是美国国家大气研究中心(NCAR)的公用陆面模式 CLM(Dai *et al*., 2003；Oleson *et al*., 2004)。

在第三代陆面模式的基础上，当前的陆面模式引入了动态植被模块、城市陆面过程模块等，逐渐改进了生物化学过程包括碳循环、氮循环、磷循环等的描述。另外，最近一二十年来，土地利用/覆盖变化的气候环境效应引起广泛关注，陆面模式对土地利用变化的考虑更趋真实。迄今为止，由于陆面状况以及陆—气相互作用的复杂性、陆面观测数据的缺乏及质量问题、模式参数化方案的不确定性等，陆面模式仍需要不断加以改进和完善。

参考文献

方精云，柯金虎，唐志尧，等. 2001. 生物生产力的"4P"概念、估算及其相互关系. 植物生态学报，**25**(4)：414-419.

孙菽芬. 2005. 陆面过程的物理、生化机理和参数化模型. 北京：气象出版社，307pp.

孙照渤，陈海山，谭桂荣，等. 2010. 短期气候预测基础. 北京：气象出版社，382pp.

Bonan G B. 2008. *Ecological Climatology*，2nd ed. Cambridge：Cambridge Univ. Press，550 pp.

Dai Y，Zeng X，Dickinson R E，*et al*. 2003. The Common Land Model. *Bulletin of the American Meteorological Society*，**84**：1013-1023.

Dickinson R E，Henderson-Sellers A，Kennedy P J，*et al*. 1986. Biosphere-atmosphere transfer scheme(BATS) for the NCAR community climate model. National Center for Atmospheric Research，NCAR Tech. Note NCAR/TN-275＋STR.

Manabe S. 1969. Climate and ocean circulation:1. The atmospheric circulation and hydrology of the earth's surface. *Monthly Weather Reviewer*, **97**: 939-805.

Nemani R R, Keeling C D, Hashimoto H, *et al.* 2003. Climate-driven increases in global terrestrial net primary production from 1982 to 1999. *Science*, **300**: 1560-1563.

Oleson K W, Dai Y. 2004. Technical Description of the Community Land Model(CLM), NCAR Technical Note NCAR/TN-461 + STR, National Center for Atmospheric Research, Boulder, Colorado 80307-3000, 173 pp.

Pielke, Sr R A, Pitman A, Niyogi D, *et al.* 2011. Land use/land cover changes and climate: Modeling analysis and observational evidence. *Climate Change*, **2**: 828-850, doi: 10.1002/wcc.144.

Piao S, Fang J, Ciais P, *et al.* 2009. The carbon balance of terrestrial ecosystems in China. *Nature*, **458**: 1009-1013, doi:10.1038/nature07944.

Sellers P J, Mintz Y, Sud Y C, *et al.* 1986. A simple biosphere model(SIB) for use within general circulation models. *Journal of the Atmospheric Sciences*, **43**(6):505-531.

Sellers P J, Dickinson R E, Randall D A, *et al.* 1997. Modeling the exchanges of energy, water, and carbon between continents and the atmosphere. *Science*, **275**:502-509.

Seneviratne S I, Corti T, Davin E L, *et al.* 2010. Investigating soil moisture-climate interactions in a changing climate:A review. *Earth-Science Reviews*, **99**: 125-161, doi:10.1016/j.earscirev.2010.02.004.

Wu L, Zhang J. 2014. Strong subsurface soil temperature feedbacks on summer climate variability over the arid/semi-arid regions of East Asia. *Atmospheric Science Letters*, **15**:doi: 10.1002/aslz.504.

Zhang J, Wu L, Huang G, *et al.* 2011. Relationships between large-scale circulation patterns and carbon dioxide exchange by a deciduous forest. *Journal of Geophysical Research*, **116**: D04102, doi:10.1029/2010JD014738.

Zhao M, Running S. 2010. Drought-induced reduction in global terrestrial net primary production from 2000 through 2009. *Science*, **329**(5994):940-943.